Python
数值计算与模拟

[日] 小高知宏 著　刘慧芳 译

中国青年出版社

图书在版编目（CIP）数据

Python数值计算与模拟 /（日）小高知宏著；刘慧芳译. -- 北京：中国青年出版社，2020.12
ISBN 978-7-5153-6190-1

I. ①P… II. ①小… ②刘… III. ①数值计算-计算机辅助计算
IV. ①O241-39

中国版本图书馆CIP数据核字（2020）第182635号

主　　编　张　鹏
策划编辑　张　鹏
执行编辑　田　影
营销编辑　时宇飞
责任编辑　张　军
封面设计　乌　兰

Python数值计算与模拟

[日] 小高知宏 / 著　刘慧芳 / 译

出版发行：中国青年出版社
地　　址：北京市东四十二条21号
邮政编码：100708
电　　话：（010）59231565
传　　真：（010）59231381
企　　划：北京中青雄狮数码传媒科技有限公司
印　　刷：天津旭非印刷有限公司
开　　本：880 x 1230 1/32
印　　张：5.75
版　　次：2021年3月北京第1版
印　　次：2021年3月第1次印刷
书　　号：ISBN 978-7-5153-6190-1
定　　价：79.80元（附赠独家秘料，关注封底公众号获取）

本书如有印装质量等问题，请与本社联系
电话：（010）59231565
读者来信：reader@cypmedia.com
投稿邮箱：author@cypmedia.com
如有其他问题请访问我们的网站：http://www.cypmedia.com

前　言

随着计算机功能的提高，计算机模拟应用领域也不断扩大。本书将对模拟编程的基础，以及支撑它的数值计算技术进行解说。

在第1章中，介绍了运用Python进行数值计算时普遍存在的注意点。尤其，涉及到了基于Python的数值计算程序的表达方法和误差问题。

在接下来的第2章和第3章中，作为传统的模拟技术，提到了运用微分方程式表示的物理现象模拟。在第2章，进行了运用常微分方程式表示的运动模拟，在第3章，进行了运用偏微分方程式的物理场模拟，有宇宙飞船的运动和电场模拟等。

在第4章中，提到了利用元胞自动机的模拟。该章运用元胞自动机对生物群体的行动、交通堵塞情况等进行了模拟。

第5章的主题是利用随机数进行模拟。该章阐释了利用随机数进行数值计算的基础，进而，运用随机数模拟了仅用微分方程式无法阐明的运动。

最后，在第6章介绍了多智能体模拟框架。此外，运用多智能体模拟框架，模拟了感染症的传播。

综上所述，本书从传统的数值计算技术到先进的多智能体模拟基础，一边展示Python程序，一边对其进行了具体讲解。

数值计算与模拟的算法自身，在C语言和Python上是相通的。但是，Python是引入大量现代性功能的语言，并且具备丰富的软件库模块。因此，本书在解释算法原理的同时，也会随时随地地展示一些Python的简便功能的应用方法。

在本书出版之际，其中在福井大学从事教育研究活动所获取的经验极为重要。感谢福井大学的各位教职人员给予我这样的机会，同时，感谢研究组的各位同学，以及众多的毕业生们。此外，还要再次感谢给予该书出版机会的Ohmsha书籍编辑部的各位工作人员。最后，感谢支持我写作的家人（洋子、研太郎、桃子和优）。

[日] 小高知宏

目 录

第 1 章

Python数值计算

本章将介绍运用Python进行数值计算时普遍存在的注意点。首先会就Python数值计算程序的组成方法进行简单举例探讨，然后列举出数值计算中的误差问题。

1.1 Python数值计算程序的结构

Python作为一种编程语言，拥有简洁、高效的表达能力。与此同时，Python语言环境中还配备各种软件库，即模块。结合实际问题，选择适当的模块，便可生成简单、快速、正确的程序。

本节会列举一些数值计算的简单例题，以便说明Python数值计算程序的基本组成方法。并在此基础上，介绍利用Python模块构成数值计算程序的基础方法。

1.1.1 Python数值计算程序

首先，我们思考一下运用Python原有功能进行数值计算的情景，这里所说的“Python原有功能”指不使用特殊模块，仅利用Python单体语言功能编辑程序。

举个简单数值计算的例子，如制作一个求某数平方根的程序。与多数编程语言一样，Python中也含有求平方根的程序库。不过，在这里我们特意不使用它，而采用数值计算的算法，尝试求平方根。

求数a的平方根，即相当于求下面二次方程中x的值。

$$x^2 - a = 0$$

解该方程的方法虽然有很多，但这里我们将考虑采用**二分法（bisection method）**求解。以下就是二分法的解题思路。

现假设方程的一个解为x_1，在x_1的周围，考虑一下函数$f(x) = x^2 - a$的值是如何分布的。如，设$a = 2$，在$x_1 > 0$的一侧，函数$f(x)$如**图1.1**所示。

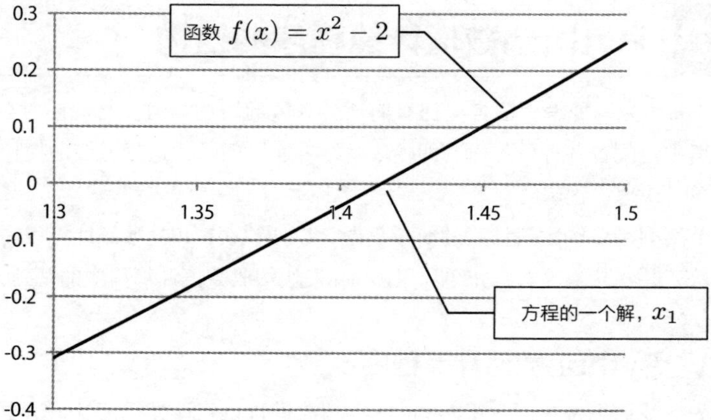
函数 $f(x)=x^2-2$
方程的一个解，x_1
0.3
0.2
0.1
0
-0.1
-0.2
-0.3
-0.4
1.3
1.35
1.4
1.45
1.5

■图1.1　函数 $f(x)=x^2-2$中$x_1(>0)$周围的变化

图1.1中，求函数 $f(x)$ 与x轴的交点，也就是求 $f(x)=0$ 的解x_1。在二分法中，求交点值，首先，要确定该值所在区间的上限和下限。在图1.1的例子当中，选取合适的上限值 $f(x_p)>0$ 的 x_p，以及下限值 $f(x_n)<0$ 的 x_n。解x_1则应该存在于x_n与x_p之间。将此区间设为初始值，通过逐渐缩小区间来求x_1。

例如，从图1.1中，现设 $x_n=1.3$，$x_p=1.5$，则可知解x_1存在于1.3到1.5之间的区间（**图1.2**）。

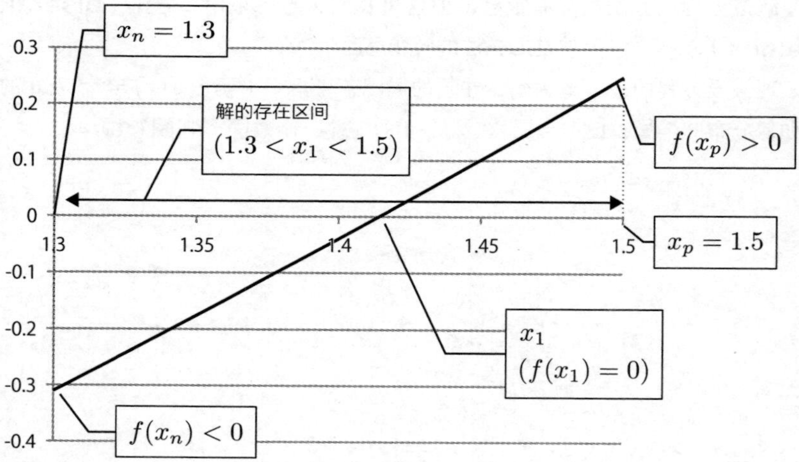
$x_n=1.3$
解的存在区间
$(1.3<x_1<1.5)$
$f(x_p)>0$
$x_p=1.5$
x_1
$(f(x_1)=0)$
$f(x_n)<0$
0.3
0.2
0.1
0
-0.1
-0.2
-0.3
-0.4
1.3
1.35
1.4
1.45
1.5

■图1.2　设 $x_n=1.3$、$x_p=1.5$

根据二分法，接下来需要求出上限x_p和下限x_n的中点值。如下可简单算出：

$$(x_p + x_n)/2$$

然后求出所得中点值对应的函数$f(x)$的值。进而便可计算出该值的正负。

$$f((x_p + x_n)/2)$$

若中点值对应的函数值$f((x_p + x_n)/2)$为正，则将该中点值设为新的上限值x_p。反之，函数值为负，则将该中点值设为新的下限值x_n。在现在的例子中，

$$f((1.5 + 1.3)/2) = f(1.4) = -0.04 < 0$$

故可将下限x_n的值更新为中点值1.4。因此，可得，解的区间也从初始状态缩小至1.4到1.5之间（**图1.3**）。

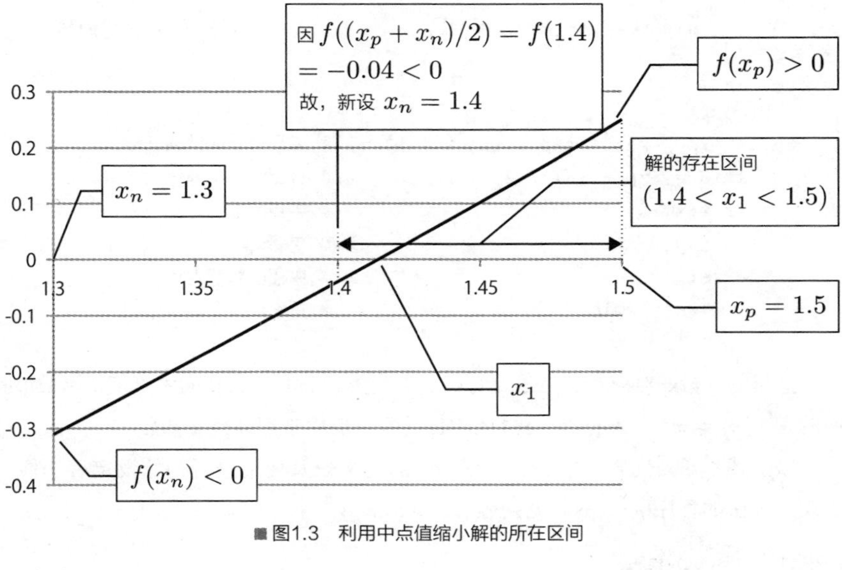

因 $f((x_p + x_n)/2) = f(1.4)$
$= -0.04 < 0$
故，新设 $x_n = 1.4$
$f(x_p) > 0$
解的存在区间
$(1.4 < x_1 < 1.5)$
$x_n = 1.3$
$x_p = 1.5$
x_1
$f(x_n) < 0$
0.3
0.2
0.1
0
-0.1
-0.2
-0.3
-0.4
1.3
1.35
1.4
1.45
1.5

■ 图1.3　利用中点值缩小解的所在区间

重复上述操作后，如**表1.1**所示，解的所在区间便逐渐缩小。

■表1.1 二分法求解过程

下限 x_n	上限 x_p
1.300000000000000	1.500000000000000
1.400000000000000	1.500000000000000
1.400000000000000	1.450000000000000
1.400000000000000	1.425000000000000
1.412500000000000	1.425000000000000
1.412500000000000	1.418750000000000
1.412500000000000	1.415625000000000
1.414062500000000	1.415625000000000
1.414062500000000	1.414843750000000
1.414062500000000	1.414453125000000
1.414062500000000	1.414257812500000
1.414160156250000	1.414257812500000
……	

在实际计算过程中，通过运用适当的条件，终止重复操作，从而得以求解。

那么，现在我们尝试把二分法的步骤用Python程序来进行表达。在版本2的Python 2和版本3的Python 3当中，Python的程序语法等有所不同。本书决定使用最新的Python 3。

将二分法的算法翻译成Python代码后，其程序的中心部分可见下述内容。

```
# 循环处理
while (xp - xn) * (xp - xn) > LIMIT:  # 满足终止条件前循环
    xmid = (xp + xn) / 2              # 计算新的中点值
    if f(xmid) > 0:                   # 中点函数值为正
        xp = xmid                     # 更新xp
    else:                             # 中点函数值为负
        xn = xmid                     # 更新xn
```

这里的变量xp对应x_p，变量xn对应x_n。另外，xmid代表新的中点值，函数f()返回的是 $f(x) = x^2 - 2$ 的值。常数LIMIT设置的值用来判断终止重复。

以上述Python代码为中心，对函数f()的定义以及变量进行初始设定后，便可实现二分法的程序bisec.py。见**列表1.1**的bisec.py。

■列表1.1 bisec.py程序

```
1:# -*- coding: utf-8 -*-
2:"""
```

扫码看视频

```
bisec.py程序
二分法解方程式的程序
使用方法  c:\>python bisec.py
"""
# 全局变量
a = 2            # f(x)=x*x-a
LIMIT = 1e-20  # 终止条件

# 分包函数定义
# f()函数
def f(x):
    """函数值的计算"""
    return x * x - a
# f()函数结束

# 主执行部分
# 初始设置
xp = float(input("请输入xp:"))
xn = float(input("请输入xn:"))

# 循环处理
while (xp - xn) * (xp - xn) > LIMIT:  # 满足终止条件前循环
    xmid = (xp + xn) / 2                # 计算新的中点值
    if f(xmid) > 0:                     # 中点函数值为正
        xp = xmid                       # 更新xp
    else:                               # 中点函数值为负
        xn = xmid                       # 更新xn
    print("{:.15f} {:.15f}".format(xn, xp))
# bisec.py结束
```

bisec.py的执行结果见**执行例1.1**。

■执行例1.1　bisec.py的执行结果

```
C:\Users\odaka\Documents\ch1>python bisec.py
请输入xp:1.5
请输入xn:1.3
1.400000000000000 1.500000000000000
1.400000000000000 1.450000000000000
1.400000000000000 1.425000000000000
```

```
1.412500000000000 1.425000000000000
  （下面持续输出）
1.414213562197983 1.414213562384248
1.414213562291116 1.414213562384248

C:\Users\odaka\Documents\ch1>
```

1.1.2　Python模块的应用

在上一节，为求平方根，特意使用了二分法的算法进行求解。这在学习二分法算法的意义上，很有必要，但若考虑到编程的工序，并非简易方法。实际上，很多编程语言都具备求平方根的程序库。这一点，Python也一样。

在Python里，求正的平方根要引入math模块。如下所示，使用math模块，便可简单地求出x的正平方根$\sqrt{x}$。

```
math.sqrt(x)
```

利用math.sqrt()，求正平方根的程序sqrt.py见**列表1.2**。另，执行的结果见**执行例1.2**。

■ 列表1.2　sqrt.py程序

```
# -*- coding: utf-8 -*-
"""
sqrt.py程序
利用math模块求平方根
使用方法　c:\>python sqrt.py
"""
# 引入模块
import math

# 主执行部分
# 输入
x = float(input("输入希望求正平方根的值:"))
# 输出
print("sqrt(", x, ")=", math.sqrt(x))
# sqrt.py结束
```

扫码看视频

■ 执行例1.2 sqrt.py程序的执行结果

```
C:\Users\odaka\Documents\ch1>python sqrt.py
输入希望求正平方根的值:2
sqrt( 2.0 )= 1.4142135623730951

C:\Users\odaka\Documents\ch1>python sqrt.py
输入希望求正平方根的值:3
sqrt( 3.0 )= 1.7320508075688772

C:\Users\odaka\Documents\ch1>
```

Python不仅配有求平方根的模块，还备有可以解方程的模块。在**列表1.3**中的solve.py程序中，只要描述出方程式，即可实现求解。solve.py使用sympy模块。在本节最后，会对包含sympy模块在内的Python模块的安装方法进行说明。

■ 列表1.3 solve.py程序

```
# -*- coding: utf-8 -*-
"""
solve.py程序
利用sympy模块解方程式
有点复杂的方程式例子
使用方法  c:\>python solve.py
"""
# 引入模块
from sympy import *

# 主执行部分
var("x")                                        # 使用变量x
equation = Eq(x**3 + 2 * x**2 - 5 * x - 6, 0) # 列方程式
answer = solve(equation)                        # 解方程式
print(answer)                                   # 输出结果
# solve.py结束
```

扫码看视频

下面内容即为solve.py程序中设定方程式并求解的过程。

```
var("x")                                        # 利用变量x
equation = Eq(x**3 + 2 * x**2 - 5 * x - 6, 0)  # 列方程式
answer = solve(equation)                        # 解方程式
```

```
15:print(answer)                                    # 输出结果
```

上述内容中，最初在第12行将x设为方程式的变量，在第13行列出了以下方程式。

$$x^3 + 2x^2 - 5x - 6 = 0$$

求解该方程式，如下面第14行内容，仅仅使用了solve()给出命令而已。

```
14:answer = solve(equation)                         # 解方程式
```

其结果便输出到第15行。

```
15:print(answer)                                    # 输出结果
```

执行例1.3展示了solve.py程序的执行结果。该三次方程的解如下分别为：

$$x = -3, -1, 2$$

■执行例1.3　solve.py程序的执行结果

```
C:\Users\odaka\Documents\ch1>python solve.py
[-3, -1, 2]

C:\Users\odaka\Documents\ch1>
```

输出三次方程$x^3 + 2x^2 - 5x - 6 = 0$解

在Python里，可以使用的除了这里介绍的模块，还有很多方便且高效的模块。后续会酌情介绍一些绘图、行列式计算、微积分等模块。

此外，为了使用这些模块，需要在Python的基础语言系统上追加安装合适的模块。如列表1.3的solve.py程序，会用到sympy这个模块，为此，需要安装sympy模块。

这种情况也可以单独安装个别模块。但利用Anaconda系统的话，可以打包安装Python基础系统以及各种模块。可从以下URL下载使用Anaconda。

https://www.anaconda.com/download/

以上链接除可安装本书的使用对象Python 3之外，还可选择安装Python 2。另外，支持的操作系统可选择Windows、Linux、以及macOS。请结合使用环境进行选择。

1.2 数值计算与误差

1.2.1 数值计算误差

基本上使用计算机的数值计算，是基于有效位数的二进制浮点数进行的。在这些运算过程中，伴随数值表示和计算的误差始终无法被摆脱掉。**表1.2**列出了数值计算的误差类型。这些误差一般与使用有效位数的二进制浮点数进行数值计算有关，而非Python的固有问题。

后文会讲到，Python具备单独应对这些问题的模块。但是，为了更恰当地管理误差，有必要了解：在基于有效位数的二进制浮点数进行的计算中，会出现哪些根本问题。因此，本节将就这些问题进行探讨。

■表1.2　数值计算误差

项目	说明
有效位丢失	大小基本相同的数值相减，由于丢失有效数字而引起的误差
化整误差	运用有效位数的二进制表示实数所产生的误差
尾数丢失	绝对值相差较大的数值进行运算时，绝对值小的数未被反应到计算结果中而产生的误差

1.2.2 数值计算误差的实际分析

具体运用例子，对表1.2中的实际误差情况进行一一说明。

① 有效位丢失

大小基本相同的数值做减法时，有可能丢失有效数字。这种现象称为**有效位丢失**。例如，在进行下边的运算时，x值较大时，可能会发生有效位丢失。

$$\sqrt{x+1}-\sqrt{x}$$

使用标准硬件配置的电脑计算上式时，当x达到10^{15}时，$\sqrt{x+1}$和$\sqrt{x}$的值在有效数字范围内基本相等，相减的结果会严重丢失有效数字。甚至，当x达到10^{16}时，相减的结果则变为0。

为避免此类结果的发生，不得不避免数值大致相同的数做减法运算。例如，上式的情况，可以进行如下的**分子有理化**。这样便可避免数值基本相同的数做减法运算。

$$\sqrt{x+1}-\sqrt{x}=(\sqrt{x+1}-\sqrt{x})\frac{\sqrt{x+1}+\sqrt{x}}{\sqrt{x+1}+\sqrt{x}}=\frac{1}{\sqrt{x+1}+\sqrt{x}}$$

将这些运算编成Python程序的例子可见**列表1.4**。另，执行结果见**执行例1.4**。

■ 列表1.4 有效位丢失例：error1.py程序

扫码看视频

```
# -*- coding: utf-8 -*-
"""
error1.py程序
计算误差的例题程序
有效位丢失的例子
使用方法  c:\>python error1.py
"""
# 引入模块
import math

# 主执行部分
# x=1e15时
print("x=1e15时")
x = 1e15
res1 = math.sqrt(x + 1) - math.sqrt(x)          # 普通计算方法
res2 = 1 / (math.sqrt(x + 1) + math.sqrt(x))  # 分子有理化方法
# 输出结果
print("普通计算方法  :", res1)
print("分子有理化方法:", res2)
print()

# x=1e16时
print("x=1e16时")
x = 1e16
res1 = math.sqrt(x + 1) - math.sqrt(x)          # 普通计算方法
```

```
res2 = 1 / (math.sqrt(x + 1) + math.sqrt(x))  # 分子有理化方法
# 输出结果
print("普通计算方法  :", res1)
print("分子有理化方法:", res2)
# error1.py结束
```

■执行例1.4 error1.py程序的执行结果

```
C:\Users\odaka\Documents\ch1>python error1.py
x=1e15时
普通计算方法  : 1.862645149230957e-08
分子有理化方法: 1.5811388300841893e-08

x=1e16时
普通计算方法  : 0.0
分子有理化方法: 5e-09

C:\Users\odaka\Documents\ch1>
```

不同数值相减结果竟为0

通过分子有理化，避免了减法结果为0的现象

在error1.py程序中，分别采用了通常计算方法和分子有理化方法两种方法来计算结果。列表1.4以及执行例1.4中，“1e15”代表10^{15}，“1e16”代表10^{16}。正如执行例1.4的结果所示，未进行分子有理化，运用通常计算方法的误差较大。

在计算过程中，如果产生有效位丢失，根据赋予其数值的大小，有时会对最终计算结果产生很大影响。有时因有效位丢失造成的误差不易被发现，因此，应该避免数值几乎相等的数做减法运算。

②化整误差

化整误差（rounding error）指运用有效位数的二进制表示实数而产生的误差。当用电脑处理我们平时使用的十进制的无理数或循环小数等时，会出现化整误差。另外，即使是十进制的有限小数，用二进制表示时变成循环小数，当处理这类数值时，有时也会产生误差。

例如，十进制的0.1用二进制表示时，成为下面的循环小数。因此，用有效位数的二进制表现十进制的0.1时，在十进制和二进制的变换中，一定会伴随出现化整误差。

$$(0.1)_{10} = (0.0001100110011\cdots)_2$$

列表1.5所示的error2.py程序中，将0.1累加了100万次。在**执行例1.5**的执行结果中，相加后结果比100000还稍大。十进制的0.1在变换为二进制的过程中，由于发生化整，变成了比0.1稍大的值，故而产生这种结果。

■ 列表1.5 化整误差相关例题：error2.py程序

```
# -*- coding: utf-8 -*-
"""
error2.py程序
计算误差的例题程序
化整误差例题
使用方法  c:\>python error2.py
"""
# 主执行部分
# 十进制的0.1
print(0.1)

# 将0.1加1000000次
x = 0.0
for i in range (1000000):
    x = x + 0.1  # 用二进制表示0.1为循环小数

# 输出结果
print(x)
# error2.py结束
```

扫码看视频

■ 执行例1.5 error2.py程序的执行结果

```
C:\Users\odaka\Documents\ch1>python error2.py
0.1
100000.00000133288

C:\Users\odaka\Documents\ch1>
```

将0.1累加100万次后，结果并非10万（受化整误差的影响）

化整误差，在运用有效位数的二进制表示数值的电脑中，只要表示实数，不可避免地就会出现误差。因此，在计算过程中不应该采取诸如上述化整误差产生巨大影响的算法。

③尾数丢失

尾数丢失指绝对值相差很大的数值，在计算中绝对值小的数未被反应到计算结果的现象。尾数丢失的例子，如向10^{10}重复累加10^{-8}，假设累加10,000,000次，结果如下。

$$10^{10}+\underbrace{10^{-8}+\cdots+10^{-8}}_{\text{累加10,000,000次}}=10^{10}+0.1$$

但是，用Python程序实际计算时，由于编码方法不同，可能会因尾数丢失而得不到正确的结果。**列表1.6**展示了发生尾数丢失的程序例子，其执行结果见**执行例1.6**。

■ 列表1.6　尾数丢失引起误差的例子：error3.py程序

```
# -*- coding: utf-8 -*-
"""
error3.py程序
计算误差的例题程序
尾数丢失误差的例子
使用方法  c:\>python error3.py
"""
# 主执行部分
# 初始设置
x = 1e10
y = 1e-8
temp = 0.0

# 向x(1e10) 加10000000次y(1e-8)
for i in range(10000000):
    x = x + y
# 输出结果
print(x)

# 先累加10000000次y(1e-8)
for i in range(10000000):
    temp += y
# 将加完的和加到x(1e10)上
x = 1e10
```

扫码看视频

```
x += temp
# 输出结果
print(x)
# error3.py结束
```

■执行例1.6　error3.py程序的执行结果

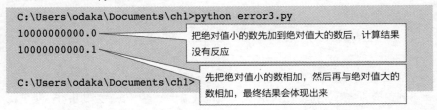

```
C:\Users\odaka\Documents\ch1>python error3.py
10000000000.0
10000000000.1

C:\Users\odaka\Documents\ch1>
```

把绝对值小的数先加到绝对值大的数后，计算结果没有反应

先把绝对值小的数相加，然后再与绝对值大的数相加，最终结果会体现出来

如error3.py程序所示，有时改变计算顺序，可以防止尾数丢失。为了防止尾数丢失，有必要下功夫思考方法，如计算数列的和时，先从绝对值小的数值依次加起等。

1.2.3 Python模块的应用

Python具有恰当解决数值计算中出现误差问题的模块。decimal模块便是一例。

decimal模块是为正确管理二进制浮点数误差的十进制计算模块。利用decimal模块的计算，可以处理好前面讲到的由二进制表示引起的误差。

decimal模块计算的数值如下所述。

```
from decimal import *  # 引入decimal模块
Decimal("0.1")         # decimal模块十进制“0.1”的表示
```

这里的Decimal("0.1")表示十进制的0.1，与前面例子error2.py程序中处理的二进制浮点数表示的0.1不同。因此，将十进制0.1的Decimal("0.1")累加100万次后，其结果为正确的100000.0。这与执行例1.5中出现的二进制浮点数的计算结果100000.00000133288不同，而与十进制的计算结果完全一致。

我们来实际应用decimal模块，尝试重新编写一下引起化整误差的error2.py程序。**列表1.7**展示了应用decimal模块的decimalex.py程序。

■ 列表1.7　运用decimal模块的decimalex.py程序

扫码看视频

```
# -*- coding: utf-8 -*-
"""
decimalex.py程序
decimal模块的例题程序
使用方法  c:\>python decimalex.py
"""
# 引入模块
from decimal import *

# 主执行部分
# 十进制的0.1
print(Decimal("0.1"))

# 将Decimal("0.1")累加100万次
x = Decimal("0.0")
for i in range(1000000):
    x = x + Decimal("0.1")  # Decimal("0.1")与0.1不同

# 输出结果
print(x)
# decimalex.py结束
```

在**执行例1.7**展示了decimalex.py程序的执行结果。

■ 执行例1.7　decimalex.py程序的执行结果

```
C:\Users\odaka\Documents\ch1>python decimalex.py
0.1
100000.0

C:\Users\odaka\Documents\ch1>
```

将0.1累加100万次后，结果为100000.0（不受化整误差的影响）

为减少浮点数引起的化整误差，还可以用其他方法，如，使用直接执行约分或通分等分数计算的fractions模块。在分数计算中，利用fractions模块，能够避免因小数表示产生的化整误差，直接作为分数进行运算。

列表1.8 展示了应用fractions模块的例子fracex.py程序。使用fractions模块时，分数表示如下。

$$\frac{1}{3} \quad \rightarrow \quad \text{Fraction}(1, 3)$$
$$\frac{5}{4} \quad \rightarrow \quad \text{Fraction}(5, 4)$$

■列表1.8　fracex.py程序

扫码看视频

```
# -*- coding: utf-8 -*-
"""
fracex.py程序
fractions模块的例题程序
使用方法  c:\>python fracex.py
"""
# 引入模块
from fractions import Fraction

# 主执行部分
# 分数计算
print(Fraction(5, 10), Fraction(3, 15))                # 5/10和3/15约分
print(Fraction(1, 3) + Fraction(1, 7))                 # 1/3+1/7
print(Fraction(5, 3) * Fraction(6, 7) * Fraction(3, 2)) # 5/3*6/7*3/2
# fracex.py结束
```

在fracec.py程序中，执行了约分、通分以及分数乘法等分数运算。其执行结果见**执行例1.8**。

■执行例1.8　fracex.py程序的执行结果

```
C:\Users\odaka\Documents\ch1>python fracex.py
1/2 1/5
10/21
15/7

C:\Users\odaka\Documents\ch1>
```

执行例1.8中展示了使用fractions模块功能进行分数运算的结果。第1行输出的是$\frac{5}{10}$和$\frac{3}{15}$的约分结果。第2行是$\frac{1}{3}+\frac{1}{7}$的计算结果，第3行是$\frac{5}{3}\times\frac{6}{7}\times\frac{3}{2}$的计算结果。这些均为分数的运算，它与使用有效位数二进制浮点数的计算不同，得出的结果是数学意义上准确的值。

章末问题

（1）若使用Python模块，即使不了解数值计算与模拟的算法，也可以生成程序。尽管如此，为什么还要学习这些算法呢?

（2）直接使用二次方程$ax^2+bx+c=0$的解的公式

$$x=\frac{-b\pm\sqrt{b^2-4ac}}{2a}$$

恐怕会出现有效位丢失的问题。因此，请编写出避免有效位丢失的二次方程的解法程序。

第2章

基于常微分方程的物理模拟

本章将介绍基于常微分方程描述的质点的运动模拟。首先，将介绍的是简单的直线运动的模拟，即物体的下落现象。然后，进行平面内具有势能的质点运动的模拟。

2.1 质点的直线运动模拟

首先，对火箭向地面降落的直线运动进行模拟。

质点的运动遵循以下**运动方程式（equation of motion）**。

$$F = m\alpha = m\frac{dv}{dt} = m\frac{d^2x}{dt^2} \tag{1}$$

其中

F ：力

m ：质量

α ：加速度

v ：速度

x ：位置

t ：时刻

根据算式（1），下面模拟一下最简单的下落运动：自由落体和反向喷射下降的火箭。

2.1.1 自由落体运动模拟

在只受重力，自由落体的情况下，地球上的加速度 α 为常数 $g = 9.80665$（$\mathrm{m/s^2}$）。该常数 g 叫做**重力加速度（gravitational acceleration）**。上述运动方程在自由落体的情况下，很容易分析解出。假设速度为 v_f、位置为 x_f，速度与位置的初始值分别为 v_{f0}、x_{f0}，其相互关系可见下式（2）。自由落体运动通过算式（2）即可简单求出。

$$\begin{aligned} v_f &= v_{f0} + gt \\ x_f &= x_{f0}t + \frac{1}{2}gt^2 \end{aligned} \tag{2}$$

像这样，如果运动方程可以解析求出的话，利用所列方程即可求解。可是，一般来说，运动方程不一定都是可以解析的。但是倘若运用数值计算，可以算出运动方程的话，即使在运动方程不解析的情况下，也可以掌握运动情况。故而，这里将不使用上式（2）来直接计算，而利用最初的运动方程（1）进行数值计算。

一般地，在某个初始值的基础上，解**常微分方程（ordinary differential equation）**的过程是指从初始值开始，按某一跨度，依次逐个求下一个值的过程。如，在初始条件件 $v_f(t_0) = v_{f0}$ 的条件下，解下面的常微分方程（3），是指依次求按某一跨度h排列的 $t1, t2, t3, \cdots$ 时刻所对应的 $v_f(t_1), v_f(t_2), v_f(t_3), \cdots$ 的值的过程。

$$\frac{dv_f}{dt} = g \tag{3}$$

一般地，计算一阶常微分方程的数值方法，有**欧拉法（Euler method），龙格-库塔法（Runge-Kutta method）**等。欧拉法中，对于一般的一阶常微分方程（4），$x_1 = x_0 + h$ 所对应的 y_1 的值，接近于 $y_1 = y_0 + f(x_0, y_0) \times h$。

$$\frac{dy}{dx} = f(x, y) \qquad \text{但}\ y(x_0) = y_0 \tag{4}$$

也就是说，上述是把表示 y 的曲线，用跨度为 h 对应的短小直线进行近似表达。依次重复这种近似表达，就可以从初始值逐个求出 y 的值。

由于欧拉法是利用直线取的粗略近似值，因此在实际应用中几乎不会用到。实际上，我们常使用龙格-库塔法或更精确的数值计算法。不过，在这里为了便于理解，我们将使用欧拉法进行运动方程的计算。此外，附录A.1中列有龙格-库塔法的公式。

使用欧拉法计算自由落体的运动方程，需要将二阶常微分方程（1）视为与 v_f 和 x_f 相关的联立一阶常微分方程，通过按某一跨度不停变换时刻，依次求出 v_f 和 x_f 的值。

$$\begin{aligned} \frac{dv_f}{dt} &= g \\ \frac{dx_f}{dt} &= v_f \end{aligned} \tag{5}$$

具体按照以下步骤进行计算。

（1）为以下各变量设定适当的初始值

跨度 h

速度的初始值 v_{f0}

位置的初始值 x_{f0}

（2）根据欧拉法，求出下一步阶的速度 v_{f1}。

$$v_{f1} = v_{f0} + g \cdot h$$

（3）根据欧拉法，求出下一步阶的位置 x_{f1}。

$$x_{f1} = x_{f0} + v_{f1} \cdot h$$

（4）运用上述（2）（3）中求出的 v_{f1}、x_{f1}，按照同样的步骤求出 v_{f2}、x_{f2}。

$$v_{f2} = v_{f1} + g \cdot h$$
$$x_{f2} = x_{f1} + v_{f2} \cdot h$$

（5）同理，运用 v_{fi}、x_{fi} 依次求出 v_{fi+1}、x_{fi+1}。

$$v_{fi+1} = v_{fi} + g \cdot h$$
$$x_{fi+1} = x_{fi} + v_{fi+1} \cdot h$$

运用上述方法，模拟自由落体运动的程序freefall.py见**列表2.1**。

■ 列表2.1　自由落体模拟：freefall.py程序

```
# -*- coding: utf-8 -*-
"""
freefall.py程序
自由落体模拟
计算自由落体运动方程式
```

扫码看视频

```
使用方法  c:\>python freefall.py
"""
# 常数
G = 9.80665   # 重力加速度

# 主执行部分
t = 0.0    # 时刻t
h = 0.01   # 时刻的跨度

# 输入参数
v = float(input("请输入初速度v0:"))
x = float(input("请输入初始高度x0:"))
print("{:.7f} {:.7f} {:.7f}".format(t, x, v))  # 当前时刻与当前的位置

# 自由落体的计算
while x >= 0:    # 一直计算到落地为止
    t += h       # 更新时刻
    v += G * h  # 计算速度
    x -= v * h  # 更新位置
    print("{:.7f} {:.7f} {:.7f}".format(t, x, v))  # 当前时刻与当前的位置
# freefall.py结束
```

freefall.py程序的执行例参见**执行例2.1**。该例从高度100m的位置，以初速度0的速度下落，计算各时刻所在的高度。

■执行例2.1　freefall.py程序的执行例

```
C:\Users\odaka\Documents\ch2>python freefall.py
请输入初速度V0:0
请输入初期高度x0:100
0.0000000 100.0000000 0.0000000
0.0100000 99.9990193 0.0980665
0.0200000 99.9970580 0.1961330
0.0300000 99.9941160 0.2941995
  (下面持续输出)
4.4400000 3.1201046 43.5415260
4.4500000 2.6837087 43.6395925
4.4600000 2.2463321 43.7376590
4.4700000 1.8079749 43.8357255
```

输入初速度和初始高度

输出时刻、高度以及速度

```
4.4800000 1.3686370 43.9337920
4.4900000 0.9283184 44.0318585
4.5000000 0.4870191 44.1299250
4.5100000 0.0447392 44.2279915
4.5200000 -0.3985214 44.3260580

C:\Users\odaka\Documents
```

高度小于等于0m计算终止

像这样，freefall.py程序可以计算从某一初始高度下落的过程，并输出下落过程中各时刻的高度值。虽然可以设定初速度，但通常将初速度向上的方向设定为正。高度接近于0，即到达地面后，计算则停止。

freefall.py程序输出的计算结果为数值。光看这些数值很难直观了解其运动状况。因此，可以考虑将结果进行可视化。在这里，我们将把freefall.py程序输出的数值利用图像表达出来。

本书使用的画图工具为Python模块matplotlib。利用matplotlib，可以很轻松地在Python程序中输出图像。gfreefall.py程序在freefall.py基础上添加了绘图功能，可见于**列表2.2**。该程序把时刻t与高度x的数据依次记录到tlist[]与xlist[]，最后在第38行和39行，将这些值以图表的方式输出。

■ 列表2.2 gfreefall.py程序

扫码看视频

```
 1:# -*- coding: utf-8 -*-
 2:"""
 3:gfreefall.py程序
 4:自由落体模拟
 5:计算自由落体运动方程式
 6:利用matplotlib加入绘图功能
 7:使用方法  c:\>python gfreefall.py
 8:"""
 9:# 引入模块
10:import numpy as np
11:import matplotlib.pyplot as plt
12:improt math
13:# 常数
14:G = 9.80665  # 重力加速度
15:
16:# 主执行部分
```

```
t = 0.0    # 时刻t
h = 0.01   # 时刻的跨度

# 输入系数
v = float(input("请输入初速度v0:"))
x = float(input("请输入初始高度x0:"))
print("{:.7f} {:.7f} {:.7f}".format(t, x, v))  # 当前时刻和当前的位置
# 添加当前位置到图表数据
tlist = [t]
xlist = [x]

# 自由落体的计算
while x >= 0:    # 一直计算到落地为止
    t += h       # 时刻的更新
    v += G * h   # 速度的计算
    x -= v * h   # 位置的更新
    print("{:.7f} {:.7f} {:.7f}".format(t, x, v))  # 当前时刻与当前的位置
    # 在图表数据上追加当前位置
    tlist.append(t)
    xlist.append(x)
# 图表表示
plt.plot(tlist, xlist)  # 绘图
plt.show()
# gfreefall.py结束
```

运用gfreefall.py程序绘出的时刻与高度的关系图可见**图2.1**所示。时刻与高度的关系呈抛物线状，由此可知，两者属于二次函数关系。

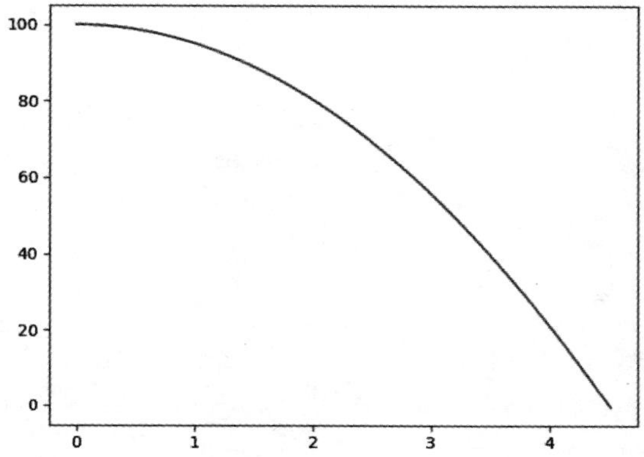
100
80
60
40
20
0
0
1
2
3
4

■图2.1 运用gfreefall.py程序绘出的时刻与高度的关系图

在freefall.py程序中，可以设定初始值。假设初速度v0为-100（m/s），初始高度x0为100（m），此时的关系图如**图2.2**。

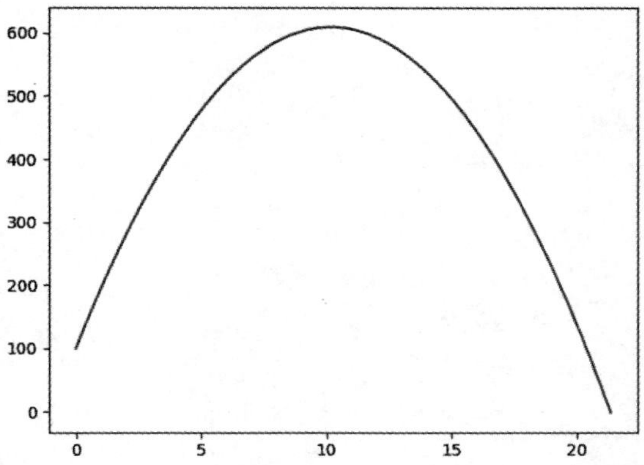
600
500
400
300
200
100
0
0
5
10
15
20

■图2.2 初速度v0为-100（m/s），初始高度x0为100（m）时的模拟结果

2.1.2 飞船着陆模拟

利用自由落体的模拟方法，可以模拟反向喷射、软着陆的火箭着陆。

反向喷射可以给火箭提供一个向上的加速度，起到抵消重力加速度的作用。本来，如果开启反向喷射的话，会消耗燃料，使火箭质量产生变化，且由于搭载的燃料数量有限，使得反向喷射的时间也受限，但是，在这里我们将忽略所有的限制。于是，具有一定加速度a的反向喷射火箭，其运动方程与自由落体运动的方程一样。

$$
\begin{aligned}
\frac{dv_f}{dt} &= g - a \\
\frac{dx_f}{dt} &= v_f
\end{aligned}
\tag{6}
$$

模拟时，假设反向喷射的强度一定，且可以事先指定开始喷射的时间。例如，进行以下模拟：在高度为100m，初速度为0（m/s）的条件下开始下落，下落2秒后开启反向喷射。

在上述前提下，对freefall.py程序进行改造，改造后的lander.py程序可见于列**表2.3**。另，其执行实例参见**执行例2.2**。

■ 列表2.3 飞船着陆模拟：lander.py程序

扫码看视频

```
# -*- coding: utf-8 -*-
"""
lander.py程序
下落运动的模拟
有进行反向喷射的飞船着陆模拟
使用方法  c:\>python lander.py
"""
# 常数
F = 1.5        # 表示反向喷射加速度的系数
G = 9.80665    # 重力加速度

# 分包函数定义
# retrofire()函数
def retrofire(t, tf):
    """控制反向喷射的函数"""
    if t >= tf:
        return -F * G  # 反向喷射
    else:
        return 0.0;    # 无反向喷射
# retrofire()函数结束

# 主执行部分
```

```
t = 0.0    # 时刻t
h = 0.01   # 时刻的跨度

# 输入参数
v = float(input("请输入初速度v0:"))
x0 = float(input("请输入初期高度x0:"))
tf = float(input("请输入反向喷射开始的时刻tf:"))
x = x0  # 设定初始高度
print("{:.7f} {:.7f} {:.7f}".format(t, x, v))  # 当前时刻与当前的位置

# 自由落体的计算
while (x > 0) and (x <= x0):  # 一直计算到落地或高于初始高度时为止
    t += h                             # 更新时刻
    v += (G + retrofire(t, tf)) * h  # 计算速度
    x -= v * h                         # 更新位置
    print("{:.7f} {:.7f} {:.7f}".format(t, x, v))  # 当前时刻与当前的位置
# lander.py结束
```

■ 执行例2.2 lander.py程序的执行实例

```
C:\Users\odaka\Documents\ch2>python lander.py
请输入初速度v0:0
请输入初始高度x0:100
请输入反向喷射开始的时刻tf:2.62
0.0000000 100.0000000 0.0000000
0.0100000 99.9990193 0.0980665
0.0200000 99.9970580 0.1961330
0.0300000 99.9941160 0.2941995
0.0400000 99.9901933 0.3922660
0.0500000 99.9852900 0.4903325
  （下面持续输出）
7.1800000 0.1418250 3.3342610
7.1900000 0.1089728 3.2852277
7.2000000 0.0766108 3.2361945
7.2100000 0.0447392 3.1871612
7.2200000 0.0133579 3.1381280
7.2300000 -0.0175330 3.0890947

C:\Users\odaka\Documents\ch2>
```

输入初速度 v_0、初始高度 x_0，以及反向喷射开始的时刻 t_f

高度小于等于0m计算终止

执行例2.2中的模拟条件为下落高度100m，初速度0（m/s），并在下落2.62秒后开始反向喷射。结果，高度到0m时的速度vf与执行例2.1相比小了很多。如果执行例2.1称为坠落，那么，执行例2.2则可称为软着陆。

在lander.py程序中，反向喷射的加速度被设定为重力加速度的F倍。系数F的值，可在程序第9行的语句处代入。列表2.3中F的值为1.5。

在程序第27~29行输入的是初速度、初始高度，以及反向喷射开始的时刻。之后从第34行的while语句开始，求解各时刻的速度和高度。While语句在高度接近于0，即将到达地表时；或者反向喷射强度太高，使得当前高度高出初始高度时终止。

速度与位置的计算，与之前展示的freefall.py程序大致相同。反向喷射开始前的自由落体计算，与反向喷射开始后的下落计算，汇总在第36行的一个速度计算式了。

```
36:     v += (G + retrofire(t, tf)) * h  # 计算速度
```

在第36行的计算式中，提到了retrofire()函数。retrofire()函数的定义开始于程序的第14行。retrofire()函数，在反向喷射开始时刻tf之前返回0，开始后返回F*G。通过retrofire()函数来计算速度，使得反向喷射前后的计算能够汇总到一个算式进行。

与freefall.py程序一样，我们也尝试给lander.py程序加入绘图功能。**列表2.4**展示了带有绘图功能的glander.py程序。

■ 列表2.4　glander.py程序

扫码看视频

```
# -*- coding: utf-8 -*-
"""
glander.py程序
下落运动的模拟
有进行反向喷射的飞船着陆模拟
利用matplotlib加入绘图功能
使用方法  c:\>python glander.py
"""
# 引入模块
import numpy as np
import matplotlib.pyplot as plt

```

```
# 常数
F = 1.5       # 表示反向喷射加速度的系数
G = 9.80665   # 重力加速度

# 分包函数定义
# retrofire()函数
def retrofire(t, tf):
    """控制反向喷射的函数"""
    if t >= tf:
        return -F * G   # 反向喷射
    else:
        return 0.0;     # 无反向喷射
# retrofire()函数结束

# 主执行部分
t = 0.0   # 时刻t
h = 0.01  # 时刻的跨度

# 输入系数
v = float(input("请输入初速度v0:"))
x0 = float(input("请输入初始高度x0:"))
tf = float(input("请输入反向喷射开始的时刻tf:"))
x = x0  # 设定初始高度
print("{:.7f} {:.7f} {:.7f}".format(t, x, v))  # 当前时刻与当前的位置
# 在图表数据上追加当前位置
tlist = [t]
xlist = [x]
# 自由落体的计算
while (x > 0) and (x <= x0):  # 一直计算到落地或高于初始高度为止
    t += h                                  # 更新时刻
    v += (G + retrofire(t, tf)) * h         # 计算速度
    x -= v * h                              # 更新位置
    print("{:.7f} {:.7f} {:.7f}".format(t, x, v))  # 当前时刻与当前的位置
    # 在图表数据上追加当前位置
    tlist.append(t)
    xlist.append(x)
# 图表表示
plt.plot(tlist, xlist)  # 绘图
plt.show()
# glander.py结束
```

初始设定与执行例2.2相同，运用glander.py程序绘出的时刻与高度的关系图可见于**图2.3**。

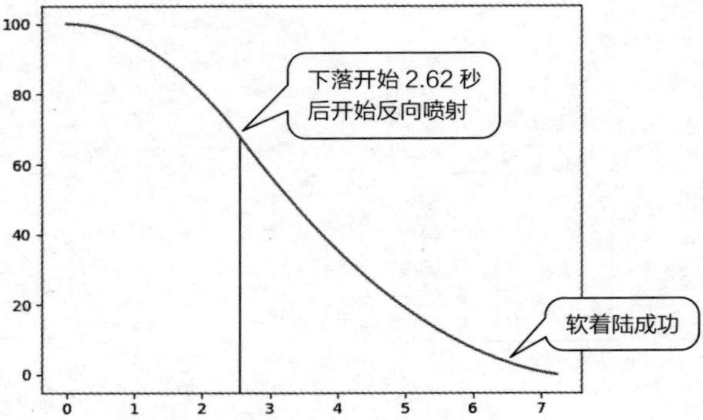
下落开始 2.62 秒
后开始反向喷射
软着陆成功

■图2.3　时刻与高度关系图（glander.py程序的执行结果）

此外，在glander.py程序中，由于设定的初始值不同，有时也会出现火箭无法着陆，转飞到空中的情况。**图2.4**展示了火箭飞向空中，无法着陆的情景模拟实例。

（1）执行例

```
C:\Users\odaka\Documents\ch2>python glander.py
请输入初速度v0:0
请输入初始高度x0:100
请输入反向喷射开始的时刻tf:1
0.0000000 100.0000000 0.0000000
0.0100000 99.9990193 0.0980665
0.0200000 99.9970580 0.1961330
0.0300000 99.9941160 0.2941995
0.0400000 99.9901933 0.3922660
  （下面持续输出）
5.3300000 99.2953922 -11.5718470
5.3400000 99.4116010 -11.6208803
5.3500000 99.5283001 -11.6699135
5.3600000 99.6454896 -11.7189468
5.3700000 99.7631694 -11.7679800
5.3800000 99.8813395 -11.8170133
5.3900000 100.0000000 -11.8660465
C:\Users\odaka\Documents\ch2>
```

输入初速度 v_0，初始高度 x_0 以及反向喷射开始的时刻 t_f

反向喷射进行的太早，导致开始上升，返回到初期高度

（2）执行例图

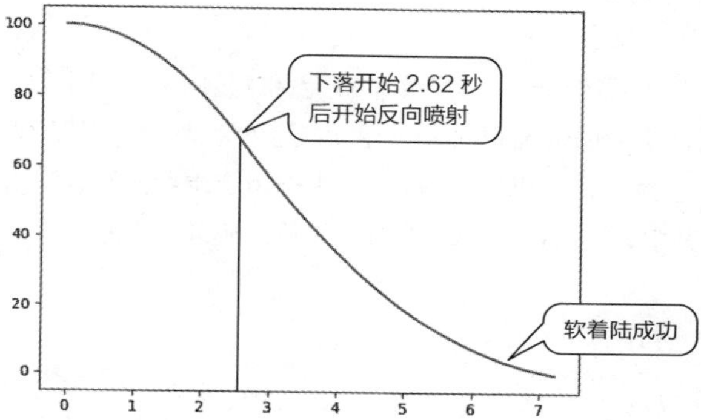
下落开始 2.62 秒
后开始反向喷射
软着陆成功

■图2.4 glander.py程序的执行例
（飞向空中，无法着陆的情景模拟实例）

2.2 基于势能的平面运动模拟

2.2.1 基于势能的平面运动

上一节提到了质点沿直线方向下落的直线运动。接下来，将对平面内移动的质点的运动进行模拟。

平面运动的表达方程式也用牛顿的运动方程式。在上一节的式（1）中虽未说明，但方程式中的F, α, v以及x均为矢量。下面再次出现的式（7）中明确了这一点。

$$\boldsymbol{F} = m\boldsymbol{\alpha} = m\frac{d\boldsymbol{v}}{dt} = m\frac{d^2\boldsymbol{x}}{dt^2} \tag{7}$$

为了模拟平面运动，计算算式（7）的数值即可。具体来说，需分别计算出算式（7）x轴及y轴的数值。

在此，将作为模拟对象的平面，进行如**图2.5**的设定。在图2.5中，平面内放置着对质点产生力作用的Q_1和Q_2。Q_1和Q_2分别对质点产生**引力**和**斥力**，可以看作是类似**电荷（charge）**一样的物质。图2.5中，设Q_1和Q_2在该平面内是固定的，质点可以四处运动。另外，质点带有单位电荷，受来自Q_1和Q_2的力的作用。

质点在该平面运动时，分别受来自Q_1和Q_2的引力和斥力。我们认为该力与真实电荷产生力的情况相同，与Q_1和Q_2的距离r的二次方呈反比。假设Q_1和Q_2对质点的影响力强度为q_1和q_2，则作用于质点上的力$|F_{Q_1}|,|F_{Q_2}|$的大小如下所示。其中，k为特定系数。另外，设质点所带电荷为-1。

$$
\begin{aligned}
|F_{Q_1}| &= \frac{kq_1}{r^2} \\
|F_{Q_2}| &= \frac{kq_2}{r^2}
\end{aligned}
\tag{8}
$$

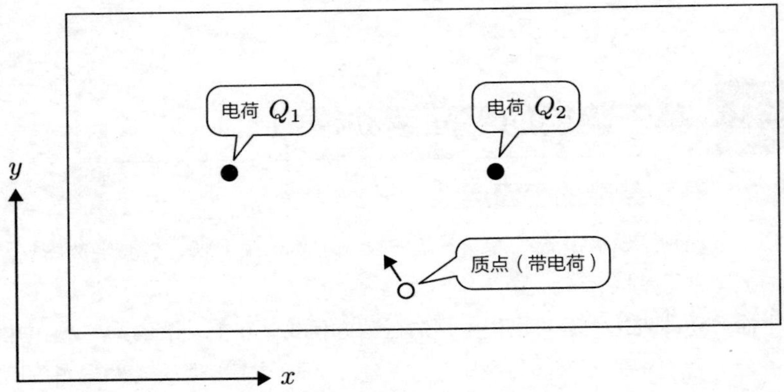
电荷 Q_1
电荷 Q_2
质点（带电荷）
y
x

■图2.5 作为模拟对象的平面

上述设定下的模拟最终与在平面内固定多个电荷时，带多个单位电荷的质点做平面运动时一样。换言之，该模拟是带电粒子在电荷产生的势能中运动的模拟。

2.2.2 平面运动模拟

接下来，我们考虑按照图2.5的设定对算式（7）进行数值计算。首先，将一个电荷Q对带单位电荷的质点所产生的作用力$\boldsymbol{Fq}$，分解成x轴方向的力Fq_x和y轴方向的力Fq_y，如下所示（**图2.6**）

$$
\begin{aligned}
Fq_x &= \frac{(x_x - q_x)}{r} \times |\boldsymbol{Fq}| \\
&= \frac{x_x - q_x}{r} \times \frac{kq}{r^2}
\end{aligned} \tag{9}
$$

$$
\begin{aligned}
Fq_y &= \frac{(x_y - q_y)}{r} \times |\boldsymbol{Fq}| \\
&= \frac{x_y - q_y}{r} \times \frac{kq}{r^2}
\end{aligned} \tag{10}
$$

其中，$r^2 = (x_x - q_x)^2 + (x_y - q_y)^2$

k 为特定系数。

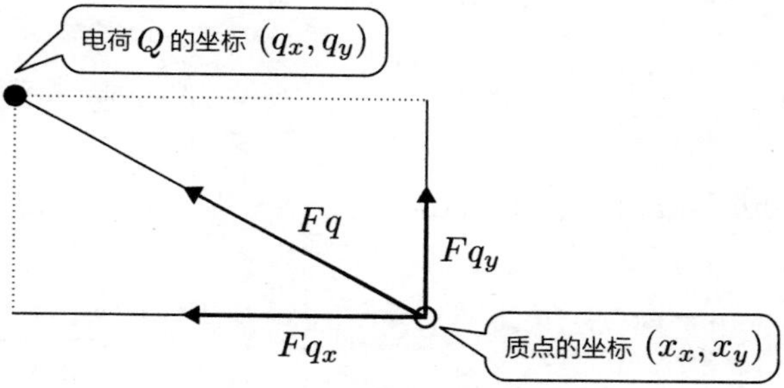
电荷 Q 的坐标 (q_x, q_y)
Fq
Fq_y
Fq_x
质点的坐标 (x_x, x_y)

■图2.6　质点的受力

在（9）（10）中，设系数$k = 1$，质点的质量 $m = 1$，求加速度$\boldsymbol{\alpha} = (\alpha_x, \alpha_y)$。

$$
\begin{aligned}
\alpha_x &= \frac{x_x - q_x}{r^3} \times q \\
\alpha_y &= \frac{x_y - q_y}{r^3} \times q
\end{aligned} \tag{11}
$$

电荷存在2个以上的情况下，只要将算式（11）电荷数叠加，就可以求解最终加速度。然后，与计算算式（5）时的方法相同，进行数值计算。计算步骤如下：

（1）为下面各个变量设定适当的初始值。

时刻的跨度 h

质点的初速度 (v_{x0}, v_{y0})

质点的初始位置 (x_{x0}, x_{y0})

电荷个数 $nofq$

所有电荷 q_i的位置 (q_{xi}, q_{iy}) 和电荷的大小 q_{iq}

（2）按照欧拉法，求出下个step的速度 v_{next}。

$$v_{nextx} = v_x + \alpha_x \cdot h$$
$$v_{nexty} = v_y + \alpha_y \cdot h$$

不过，α_x, α_y要把所有电荷在算式（11）中求出的值累加一起求出。

（3）按照欧拉法，求出下个step的位置x_{next}。

$$x_{nextx} = x_x + v_{nextx} \cdot h$$
$$x_{nexty} = x_y + v_{nexty} \cdot h$$

（4）在未满足合适的终止条件之前，循环上述（2）（3）的运算。

进行上述计算的程序efield.py见**列表2.5**。另外，运行实例见**执行例2.3**所示。

在efield.py程序的第12行，设定了电荷的位置坐标与电荷的值。下边的第13行~15行中，定义了时刻的跨度H，以及模拟终止的时刻TIMELIMIT等一些与模拟的基本设定相关的常数。

在从第18行开始的主要执行部分中，设定好质点的初速度和初始位置后，便可进入平面运动的计算。计算是在程序的第30行~46行的while语句间进行的。该while语句在模拟到达终止时刻，或质点无限接近电荷时停止运行。前者的条件指定在第30行，后者在第45行。

在程序第33行~40行的for语句中，根据质点与电荷的距离，对质点的受力和速度进行计算。根据计算结果，在第41行和42行更新位置，并在第43行输出值。

■ 列表2.5　efield.py程序

扫码看视频

```
# -*- coding: utf-8 -*-
"""
efield.py程序
2平面运动的模拟
电场中的带电粒子的模拟
使用方法  c:\>python efield.py
"""
# 引入模块
import math

# 常数
Q = (((0.0, 0.0), 10.0), ((5.0, -5.0), 5.0))  # 电荷的位置与值
TIMELIMIT = 20.0                               # 模拟终止时刻
RLIMIT = 0.1                                   # 距离r的最小值
H = 0.01                                       # 时刻的跨度

# 主执行部分
t = 0.0  # 时刻t

# 输入参数
vx = float(input("请输入初速度v0x:"))
vy = float(input("请输入初速度v0y:"))
x = float(input("请输入初始位置x:"))
y = float(input("请输入初始位置y:"))

print("{:.7f} {:.7f} {:.7f} {:.7f} {:.7f}".format(t, x, y, vx, vy))
    # 当前时刻与当前的位置

# 平面运动的计算
while t < TIMELIMIT:    # 一直计算到终止时刻
    t = t + H           # 更新时刻
    rmin=float("inf")   # 将距离的最小值初始化
    for qi in Q:
        rx = qi[0][0] - x  # 计算距离rx
        ry = qi[0][1] - y  # 计算距离ry
        r = math.sqrt(rx * rx + ry * ry)    # 计算距离r
        if r < rmin:
            rmin = r  # 更新距离的最小值
```

```
            vx += (rx / r / r / r * qi[1]) * H  # 计算速度vx
            vy += (ry / r / r / r * qi[1]) * H  # 计算速度vy
        x += vx * H  # 计算位置x
        y += vy * H  # 计算位置y
        print("{:.7f} {:.7f} {:.7f} {:.7f} {:.7f}".format(t, x, y, vx, vy))
            # 当前时刻与当前的位置
        if rmin < RLIMIT:
            break  # 无限接近电荷时终止
# efield.py结束
```

■执行例2.3　efield.py程序的执行例

```
C:\Users\odaka\Documents\ch2>python efield.py
请输入初速度v0x:-2
请输入初速度v0y:1
请输入初始位置x:2
请输入初始位置y:2
0.0000000 2.0000000 2.0000000 -2.0000000 1.0000000
0.0100000 1.9799150 2.0099037 -2.0084992 0.9903688
0.0200000 1.9597452 2.0197100 -2.0169762 0.9806306
0.0300000 1.9394910 2.0294178 -2.0254294 0.9707847
（下面持续输出）
19.9800000 7.7866275 -3.8653038 -0.3792448 -1.4488391
19.9900000 7.7827721 -3.8798071 -0.3855454 -1.4503337
20.0000000 7.7788532 -3.8943253 -0.3918832 -1.4518186

C:\Users\odaka\Documents\ch2>
```

输出时刻 t，质点的位置 (x_x, x_y) 以及质点的速 (v_x, v_y)

满足指定终止条件后计算停止

如执行例2.3，efield.py程序输入读取质点的初速度和初始位置，并利用这些数据对质点的运动进行计算。逐行输出时刻、质点位置，以及质点速度的计算结果。

与gfreefall.py和glander.py程序一样，我们也可以为efield.py程序追加绘图功能。加入绘图功能后的gefield.py程序如**列表2.6**所示。

■列表2.6　gefield.py程序

```
# -*- coding: utf-8 -*-
"""
gefield.py程序
```

扫码看视频

```
4:平面运动的模拟
5:电场中的带电粒子的模拟
6:利用matplotlib加入绘图功能
7:使用方法  c:\>python gefield.py
"""
# 引入模块
import numpy as np
import matplotlib.pyplot as plt
import math

# 常数
Q = (((0.0, 0.0), 10.0), ((5.0, -5.0), 5.0))  # 电荷的位置和值
TIMELIMIT = 20.0  # 模拟终止的时刻
RLIMIT = 0.1      # 距离r的最小值
H = 0.01          # 时刻的跨度

# 主执行部分
t = 0.0  # 时刻t
# 画出电荷的位置
for qi in Q:
    plt.plot(qi[0][0], qi[0][1], ".")

# 输入参数
vx = float(input("请输入初速度v0x:"))
vy = float(input("请输入初速度v0y:"))
x = float(input("请输入初始位置x:"))
y = float(input("请输入初始位置y:"))

print("{:.7f} {:.7f} {:.7f} {:.7f} {:.7f}".format(t, x, y, vx, vy))
    # 当前时刻与当前的位置
# 在图表数据上追加现在位置
xlist = [x]
ylist = [y]

# 平面运动的计算
while t < TIMELIMIT:   # 计算到终止时刻
    t = t + H          # 更新时刻
    rmin=float("inf")  # 将距离的最小值初始化
    for qi in Q:
```

```
        rx = qi[0][0] - x  # 计算距离rx
        ry = qi[0][1] - y  # 计算距离ry
        r = math.sqrt(rx * rx + ry * ry)    # 计算距离r
        if r < rmin:
            rmin = r  # 更新距离的最小值
        vx += (rx / r / r / r * qi[1]) * H  # 计算速度vx
        vy += (ry / r / r / r * qi[1]) * H  # 计算速度vy
    x += vx * H  # 计算位置x
    y += vy * H  # 计算位置y
    print("{:.7f} {:.7f} {:.7f} {:.7f} {:.7f}".format(t, x, y, vx, vy))
        # 当前时刻与当前的位置
    # 在图表数据上追加当前位置加
    xlist.append(x)
    ylist.append(y)
    if rmin < RLIMIT:
        break  # 无限接近电荷时终止

# 图表表示
plt.plot(xlist, ylist)  # 绘图
plt.show()
# gefield.py结束
```

图2.7展示了利用gefield.py程序，在平面内描绘执行例2.4结果的例子。在执行例2.4中，两个电荷分别在（0,0）和（5,−5）的位置上。

质点从（2,2）位置，以初速度（−2,1）开始运动。于是，开始时是向平面左上方向运动的（图①），但在受到两个电荷的作用力后，变为向下运动（②）。随后，在位于原点（0,0）的电荷0周围绕了一大圈，做迂回运动（③），最后，受电荷1的牵引力作用掠过离电荷1极其近的地方（④）。

接着，直接通过电荷1，返回电荷0的附近（⑤），并反向穿过出发点附近区域，沿图表下方前进（⑥）。最后，在满足计算终止条件t=20后，模拟结束（⑦）。

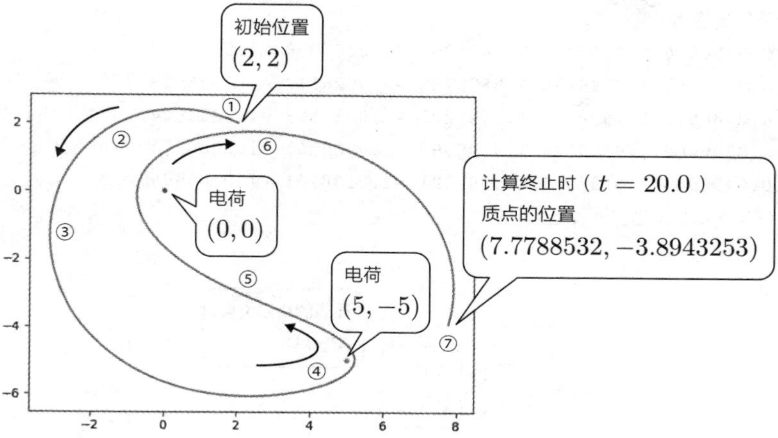
初始位置
$(2,2)$
①
②
③
④
⑤
⑥
⑦
电荷
$(0,0)$
电荷
$(5,-5)$
计算终止时（$t=20.0$）
质点的位置
$(7.7788532,-3.8943253)$
2
0
−2
−4
−6
−2
0
2
4
6
8

■ 图2.7　在xy平面上绘出的平面运动图

在列表2.6以及图2.7当中，由于质点运动的平面存在有两个电荷，所以模拟起来很有趣，但理解其运动状态却并非易事。因此，我们再看一下相对简单一点的质点运动。

执行例2.4模拟的例子中，原点（0,0）位置有一个电荷，质点在该电荷附近运动。为了将电荷的配置设定改为上述设置，需将gefield.py程序的第15行变更为以下内容。

```
15:Q = (((0.0, 0.0), 10.0), ((5.0, -5.0), 5.0))  # 电荷的位置和值
                ↓
15:Q = (((0.0, 0.0), 3.0), ((0, 0), 0))  # 电荷的位置和值
```

如上，通过将第二个电荷的值变为0，即可设定为只有一个电荷。另外，该例中位于（0,0）处的电荷值也从10变更为3了。

图2.8展示了运动结果图。由图可知：质点在运动开始后，受原点处的电荷牵引力作用，改变了运动方向，随后穿过原点，逐渐偏离电荷位置。

■ 执行例2.4　原点（0,0）处有一个电荷，质点在该电荷附近（2,2）位置开始运动的模拟

```
C:\Users\odaka\Documents\ch2>python gefield.py
请输入初速度v0x:-2
请输入初速度v0y:-1
请输入初始位置x:2
```

```
请输入初始位置y:2
0.0000000 2.0000000 2.0000000 -2.0000000 -1.0000000
0.0100000 1.9799735 1.9899735 -2.0026517 -1.0026517
0.0200000 1.9599201 1.9799200 -2.0053368 -1.0053504
0.0300000 1.9398396 1.9698390 -2.0080561 -1.0080974
0.0400000 1.9197315 1.9597301 -2.0108101 -1.0108940
 (下面持续输出计算结果)
```

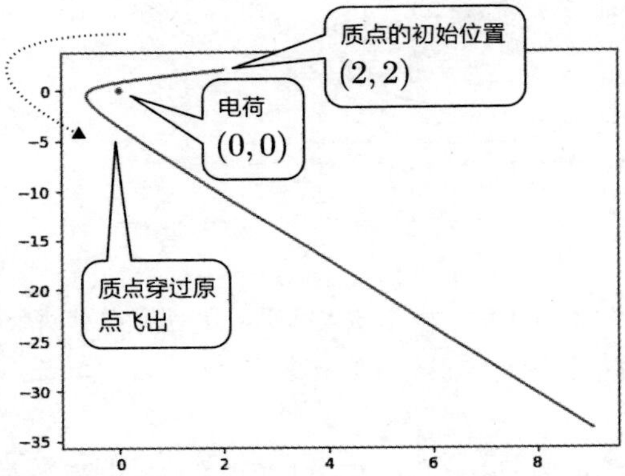
质点的初始位置
(2, 2)
电荷
(0, 0)
质点穿过原点飞出
0
−5
−10
−15
−20
−25
−30
−35
0
2
4
6
8

■图2.8　执行例2.4中计算结果的图表化

执行例2.5的设定几乎与执行例2.4一样，但计算的是电荷符号相反情况下的运动状况。此时电荷的设定如下：

```
15:Q = (((0.0, 0.0), 10.0), ((5.0, -5.0), 5.0))  # 电荷的位置和值
                ↓
15:Q = (((0.0, 0.0), -3.0), ((0, 0), 0))  # 电荷的位置和值
```

图2.9展示了计算结果图。与上个例子不同，这次质点受到了电荷的斥力，像被弹出一样，沿着图表平面的左上方飞去。

■执行例2.5　在执行例2.4的设定基础上，将电荷符号设置为负的情况下的模拟

```
C:\Users\odaka\Documents\ch2>python efield.py
请输入初速度v0x:-2
请输入初速度v0y:-1
请输入初始位置x:2
请输入初始位置y:2
```

```
0.0000000 2.0000000 2.0000000 -2.0000000 -1.0000000
0.0100000 1.9800265 1.9900265 -1.9973483 -0.9973483
0.0200000 1.9600799 1.9800800 -1.9946634 -0.9946498
0.0300000 1.9401604 1.9701610 -1.9919445 -0.9919032
0.0400000 1.9202685 1.9602699 -1.9891914 -0.9891075
0.0500000 1.9004045 1.9504073 -1.9864034 -0.9862615
0.0600000 1.8805687 1.9405737 -1.9835802 -0.9833640
0.0700000 1.8607615 1.9307695 -1.9807212 -0.9804138
  （下面持续输出计算结果）
```

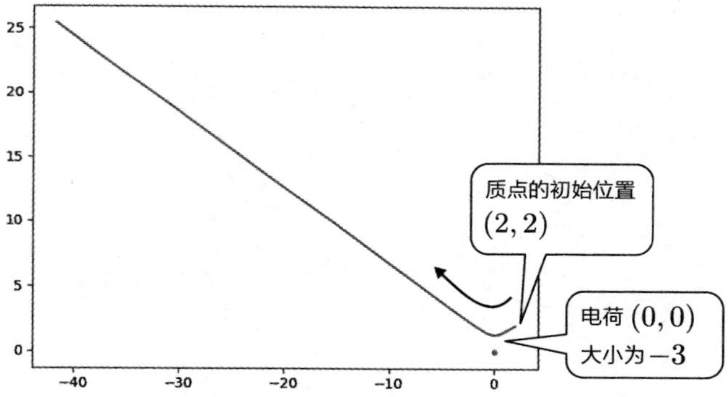
25
20
15
10
5
0
−40
−30
−20
−10
0
质点的初始位置
(2, 2)
电荷 (0, 0)
大小为 −3

■图2.9　执行例2.5中计算结果的图表化

运用efpeld.py程序的模拟，也可以将电荷数增加到2个以上。**执行例2.6**为电荷数变为3个情况下的模拟。此时电荷的设置如下：

```
15:Q = (((0.0, 0.0), 10.0), ((5.0, -5.0), 5.0))  # 电荷的位置和值
                ↓
15:Q = (((0.0, 0.0), 10.0), ((5.0, -5.0), 5.0), ((-5.0, 5.0), 5.0))
# 电荷的位置和值
```

■执行例2.6　电荷大小和初速度变更的模拟

```
C:\Users\odaka\Documents\ch2>python efield.py
请输入初速度v0x:-2
请输入初速度v0y:1
请输入初始位置x:2
请输入初始位置y:2
```

```
0.0000000 2.0000000 2.0000000 -2.0000000 1.0000000
0.0100000 1.9799071 2.0099071 -2.0092916 0.9907084
0.0200000 1.9597214 2.0197202 -2.0185656 0.9813116
0.0300000 1.9394432 2.0294383 -2.0278207 0.9718090
0.0400000 1.9190727 2.0390603 -2.0370554 0.9621999
0.0500000 1.8986100 2.0485851 -2.0462686 0.9524838
0.0600000 1.8780554 2.0580117 -2.0554586 0.9426599
0.0700000 1.8574092 2.0673390 -2.0646242 0.9327278
（下面持续输出计算结果）
```

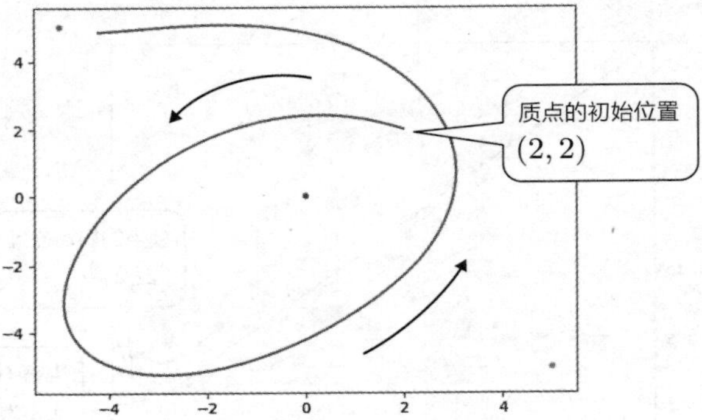
质点的初始位置
(2, 2)
4
2
0
−2
−4
−4
−2
0
2
4

■图2.10　执行例2.6的平面运动图

2.3 Python模块的应用

如第1章所述，Python里具备多种模块。甚至也有应用到本章所涉及的常微分方程中的模块，只要设定方程的相关值便可执行数值计算。

列表2.7的odefreefall.py程序使用了scipy模块，与freefall.py程序进行的运算相同。对odefreefall.py程序进行必要的设定后，在第31行的下一行，便可运行微分方程的计算。

```
31:x = odeint(f, x0, t)                # 计算的主体部分
```

odefreefall.py程序中使用了scipy模块。因此，在运行之前有必要安装一下scipy模块。

■ 列表2.7 与freefall.py程序做同种运算的odefreefall.py程序

扫码看视频

```
# -*- coding: utf-8 -*-
"""
odefreefall.py程序
自由落体的模拟
求自由落体运动方程式的值
使用SciPy的ode模块
使用方法  c:\>python odefreefall.py
"""
# 引入模块
import numpy as np
from scipy.integrate import odeint

# 常数
G = 9.80665  # 重力加速度

# 分包函数的定义
# f()函数
def f(x,t):
    """列出微分方程式右边算式 """
    return [x[1], -G]
# f()函数结束

# 主执行部分
# 输入参数
v = float(input("请输入初速度v0:"))
x = float(input("请输入初始高度x0:"))

# 自由落体的计算
x0 = [x, v]                     # 设定初始条件
t = np.arange(0, 4.53, 0.01)  # 0~4.53秒间每隔0.01秒计算一次
x = odeint(f, x0, t)            # 计算的主体部分
print(x)  # 输出结果
# odefreefall.py结束
```

■ 执行例2.7 odefreefall.py程序的执行例

```
C:\Users\odaka\Documents\ch2>python odefreefall.py
请输入初速度v0:0
请输入初始高度x0:100
```

```
[[  1.00000000e+02   0.00000000e+00]
 [  9.99995097e+01  -9.80665000e-02]
 [  9.99980387e+01  -1.96133000e-01]
 [  9.99955870e+01  -2.94199500e-01]
 [  9.99921547e+01  -3.92266000e-01]
 [  9.99877417e+01  -4.90332500e-01]
 [  9.99823480e+01  -5.88399000e-01]
 [  9.99759737e+01  -6.86465500e-01]
 [  9.99686187e+01  -7.84532000e-01]
  （下面持续输出计算结果）
```

章末问题

（1）欧拉法作为常微分方程的解法，几乎只用于教学，是一种较为朴素的方法。请参考附录A.1，编写利用四阶龙格-库塔法计算常微分方程数值的程序。

（2）在实际的下落过程中，下落物会受到空气阻力影响。已知，空气阻力与速度成比例。那么，请作出不忽略空气阻力时的下落运动的运动方程，并通过数值计算，模拟更加真实的下落运动。

（提示）

下落物体受到的力有重力mg和空气阻力$-kv_f$。其中，v_f是下落速度，k为空气阻力的比例系数。于是，运动方程如下所示：

$$m\frac{dv_f}{dt} = mg - kv_f$$

虽然上述方程也可以解析求解，但在这里，请设定适当的初始值，通过数值计算，计算下落运动的情况。

（3）第2.2节提到的平面运动的模拟是把带电粒子的运动简单化的模拟。为了便于计算，一般把运动质点的电荷设定为-1，作用于电荷的力的系数k设定为1。实际上，作用于电荷的库仑力F遵循以下关系式：

$$\boldsymbol{F} = \frac{1}{4\pi\varepsilon_0}\frac{q_1 q_2}{r^2}\frac{\boldsymbol{r}}{r}$$

其中，q_1, q_2为电荷的大小（C）、ε_0是真空电容率，$\varepsilon_0 = 8.854 \times 10^{-12}$。

请运用上述算式，模拟出更加符合现实情况的运动。

（4）在efield.py程序中，运动质点在某种程度上接近于位置固定的电荷时，模拟则终止。抛开这种条件束缚，请思考继续模拟会出现什么情况。

（5）通过扩展efield.py程序，请尝试制作以下模拟游戏“超级冰壶”。

模拟游戏“超级冰壶”

“超级冰壶”是把在平面内运动的带电冰壶（冰溜石），送至某处球门的游戏。

平面内固定有多个电荷。冰壶（冰溜石）从起点位置，以选手指定的初速度开始运动。一旦冰壶（冰溜石）开始运动后，中途就不能再操作。假设冰壶（冰溜石）到达距离营垒一定的范围内，视为进球。

选手可以多次循环运动。冰壶（冰溜石）运动持续的时间越长，得分越高，通过离营垒中央位置越近，得分越高。不过，冰壶（冰溜石）必须进球才能得分。

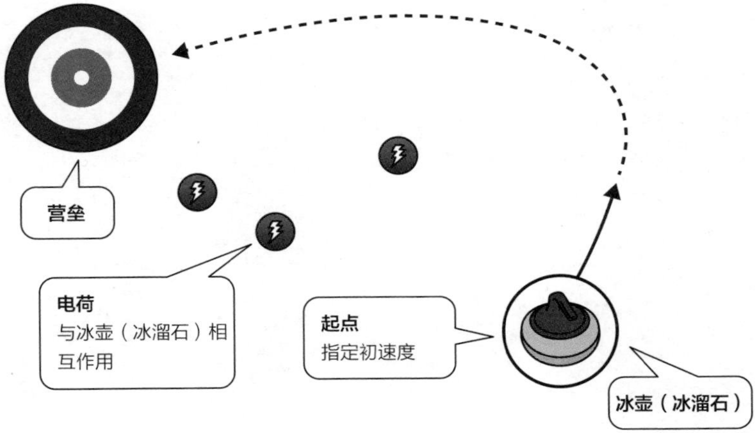
营垒
电荷
与冰壶（冰溜石）相互作用
起点
指定初速度
冰壶（冰溜石）

■图2.11 “超级冰壶”游戏示意图

第3章

基于偏微分方程的物理模拟

本章将介绍模拟二阶线性偏微分方程表达的物理现象的计算程序。具体会涉及到拉普拉斯方程边界值问题的解法。

3.1 偏微分方程的边界值问题

偏微分方程（partial differential equation）指运用偏微分描述未知函数的微分方程。偏微分方程作为描述物理现象的方程，不仅是描述力学和电磁学的基本法则的手段，在自然科学乃至社会科学等各领域均有广泛的应用。

偏微分方程拥有多种形式，本章节将涉及的是含二阶偏微分的二阶偏微分方程。另外，为了在平面内进行下文提到的模拟，考虑使用两个变量的偏微分方程。二阶偏微分方程的研究颇广，有很多已命名的著名偏微分方程。本章节将介绍拉普拉斯方程、泊松方程、扩散方程等。

3.1.1 拉普拉斯方程

作为典型的2个变量的二阶偏微分方程首先思考以下方程。

$$\frac{\partial^2 u(x,y)}{\partial x^2} + \frac{\partial^2 u(x,y)}{\partial y^2} = 0 \tag{1}$$

方程式（1）作为**拉普拉斯方程（Laplace's equation）**广为人知。方程式（1）还常作以下标记。

$$\Delta u(x,y) = 0 \tag{2}$$

其中，

$$\Delta = \frac{\partial^2}{\partial x^2} + \frac{\partial^2}{\partial y^2} \tag{3}$$

方程式（3）中，符号Δ被称作**拉普拉斯算子（Laplacian）**。

那么，拉普拉斯方程（1）在物理意义上表示什么含义呢？直接对方程（1）进行解析的话，指未知函数$u(x,y)$中，变量x和y的二阶偏微分之和为0的关系。

为了更加形象地理解上述内容，首先，思考一下含有1个自变量的函数$f(x)$。在1个自变量的函数中，偏微分与普通微分一样。二阶的（偏）微分f''为0时，也就是指一阶微分的值固定不变。这种情况下，原函数图像变为直线。二阶微分的值不等于0时，图像会随着符号的变化向上凸出或向下凹进（**图3.1**）。

（1）$f'' > 0$　图像向下凹进

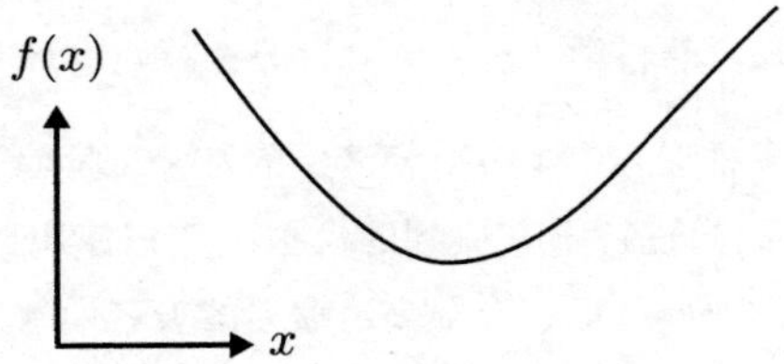
$f(x)$
x

（2）$f'' = 0$　图像呈直线

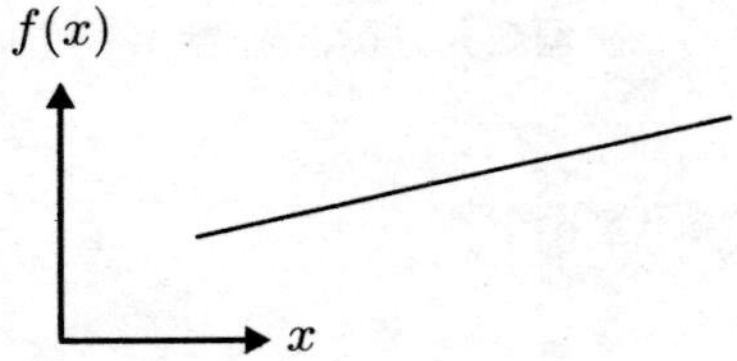
$f(x)$
x

（3）$f'' < 0$　图像向上凸出

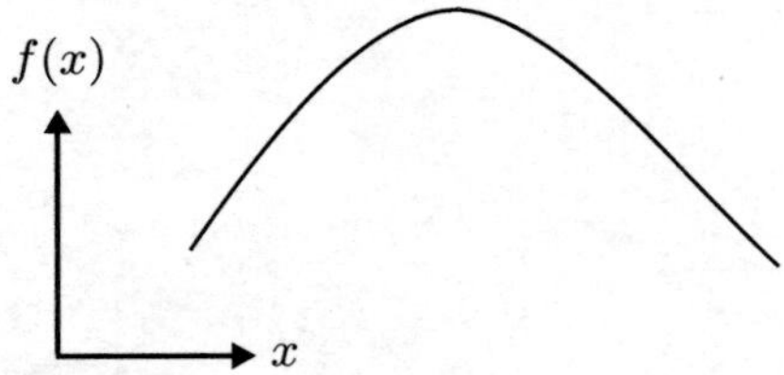
$f(x)$
x

■图3.1　含一个自变量的函数$f(x)$中，二阶微分值与图像的形状关系

含2个自变量的函数$u(x, y)$其二阶偏微分的思考方法亦是如此。在拉普拉斯方程中，二阶偏微分值的和等于0时，表示$u(x, y)$所在的平面无凹凸，平滑相连（**图3.2**）。直观上，拉普拉斯方程中得到的函数$u(x, y)$的形状，如同配合边框撕拉橡胶模的形状。在其膜的表面没有膨胀或凹陷，在沿x轴方向凸出的地方，沿y轴方向便会凹陷进去。

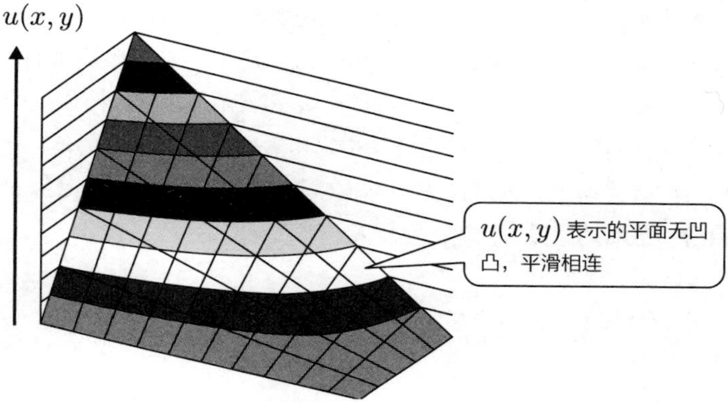
$u(x,y)$
$u(x,y)$表示的平面无凹凸，平滑相连

■图3.2 拉普拉斯方程式中函数$u(x,y)$表示的平面无凹凸

此外，二阶偏微分值的和不为0时，表示$u(x,y)$所在的平面存在凹凸现象。这时，二阶偏微分方程变成拉普拉斯方程的一般化方程，即以下（4）、（5）方程。这种方程被称作**泊松方程（Poisson's Equation）**。泊松方程中，$f(x,y)\equiv 0$时，即变为拉普拉斯方程。

$$\frac{\partial^2 u(x,y)}{\partial x^2}+\frac{\partial^2 u(x,y)}{\partial y^2}=f(x,y) \tag{4}$$

或

$$\Delta u(x,y)=f(x,y) \tag{5}$$

拉普拉斯方程和泊松方程可用于描述多种物理现象。如上文所述，拉普拉斯方程可以表示无弯曲的膜的形状，以及内部无电荷的电场势能。另外，第二章中提到的内部带电荷的电场，可以用泊松方程来表示。

3.1.2 拉普拉斯方程的边界值问题

接下来，我们探究一下偏微分方程的数值解法。以拉普拉斯方程作为研究对象研究。

解拉普拉斯方程是求解满足方程（1）的未知函数$u(x,y)$的过程。但是，方程（1）只不过确定了函数$u(x,y)$的性质，光这样是无法求解的。具体来说，要想设定一个可解函数，除方程（1）以外，还需要追加其他条件。

如图3.2所示，满足拉普拉斯方程的未知函数 $u(x,y)$ ，在平面的四个角内均无凹凸，平滑相连。因此，若指定函数 $u(x,y)$ 所在平面的四个角的值，也就决定了它们区域内的函数值。像这样，指定函数所在平面端点的值，进而计算其内部满足拉普拉斯方程的解的方法称作**求边界值问题（boundary value problem）**。这时的边界值代表函数所表示平面端点的值。

（1）数值计算的对象拉普拉斯方程以及解的区间 D

$$\frac{\partial^2 u(x,y)}{\partial x^2}+\frac{\partial^2 u(x,y)}{\partial y^2}=0$$

解的区间 D： $0 \leq x \leq 1, 0 \leq y \leq 1$

（2）指定区间的边界值

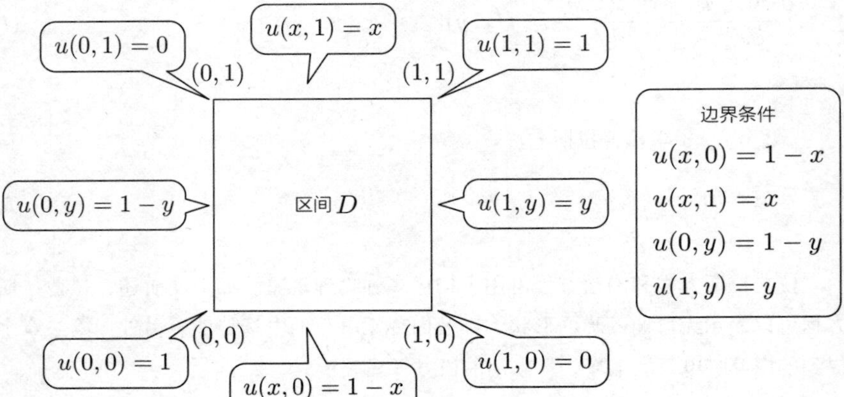
$u(0,1)=0$
$u(x,1)=x$
$u(1,1)=1$
$(0,1)$
$(1,1)$
$u(0,y)=1-y$
区间 D
$u(1,y)=y$
$(0,0)$
$(1,0)$
$u(0,0)=1$
$u(x,0)=1-x$
$u(1,0)=0$
边界条件
$u(x,0)=1-x$
$u(x,1)=x$
$u(0,y)=1-y$
$u(1,y)=y$

（3）计算区间D内满足拉普拉斯方程的解

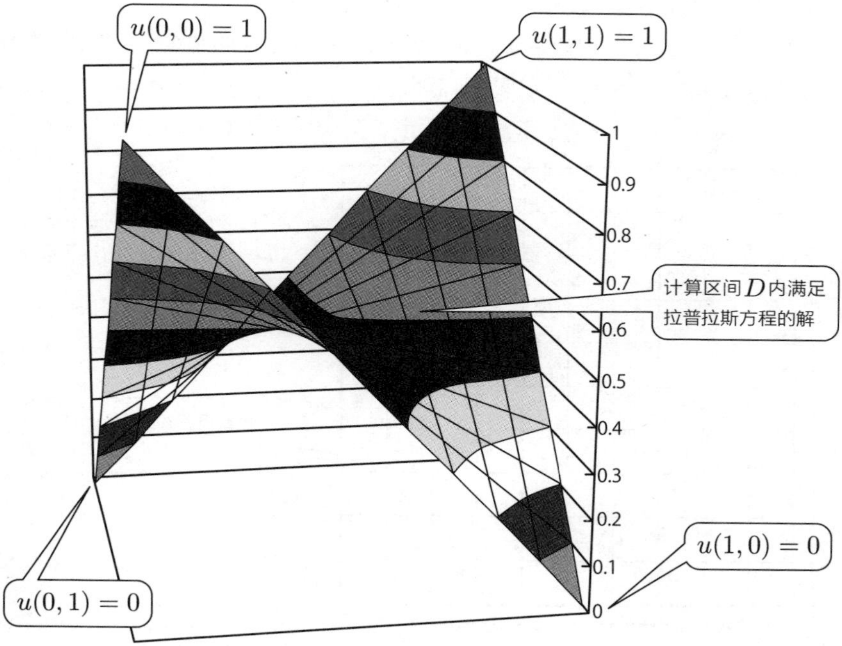
$u(0,0)=1$
$u(1,1)=1$
1
0.9
0.8
0.7
计算区间D内满足拉普拉斯方程的解
0.6
0.5
0.4
0.3
0.2
0.1
0
$u(1,0)=0$
$u(0,1)=0$

■图3.3 偏微分方程的边界值问题

图3.3展示了求拉普拉斯方程边界值的步骤。首先，需指定拉普拉斯方程和未知函数$u(x,y)$所定义的区间D。区间D的定义取决于要解决的问题。在图3.3的（1）中，区间D的定义为以原点和（1,1）为顶点的正方形。

其次，要指定边界条件。在图3.3（2）所示的边界条件中，设定其在区间D周围，函数$u(x,y)$的值呈直线变化。在原点（0,0）和（1,1）区域，设$u(0,0)=u(1,1)=1$，其余两个顶点$u(0,0)=u(1,1)=1$。

最后，求出在区间D内满足边界条件的值。运用一些方法指定值后，求出区间D内的值，即可画出如图3.3（3）所示的图形。

3.1.3 边界值问题的数值解法

下一个问题便是必须在图3.3（3）中进行的，即，找出计算区间D内值的数值计算方法。与第2章提到的常微分方程解法一样，要想进行数值计算必须分解离散问题。在本章中，需要把计算对象的区间 D 内部离散成格子状，并把拉普拉斯方程转换成差分方程，进而计算各个格点的数值。

首先看一下区间 D 内的格状离散。为了方便，在x方向和y方向以相同的刻度h进行设定，区间 D 可离散成**图3.4**形状。

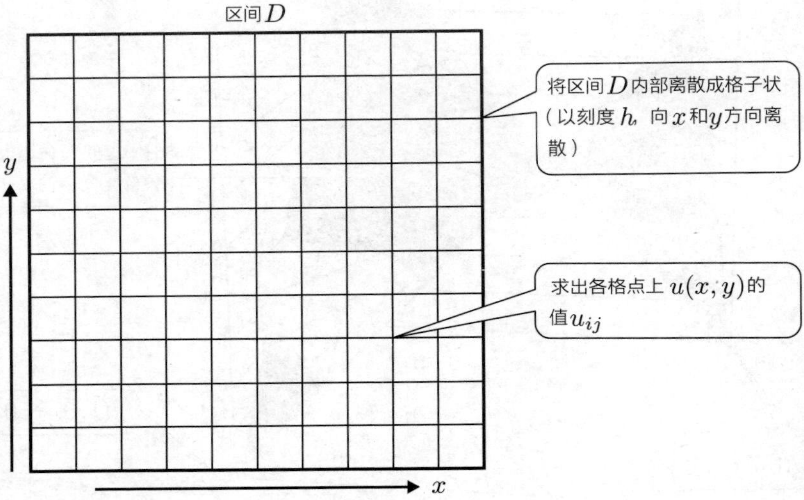
区间D
将区间D内部离散成格子状（以刻度h，向x和y方向离散）
求出各格点上$u(x,y)$的值u_{ij}
y
x

■图3.4　区间D的格状离散

在图3.4，要想求出满足拉普拉斯方程式的格点u_{ij}的值，u_{ij}的值不能偏离上下左右相邻格点的值，必须与其光滑衔接。因此，u_{ij}的值必须是相邻四点的平均值（**图3.5**）。

$$u_{ij} = \frac{u_{i,j-1} + u_{i-1,j} + u_{i+1,j} + u_{i,j+1}}{4} \tag{6}$$

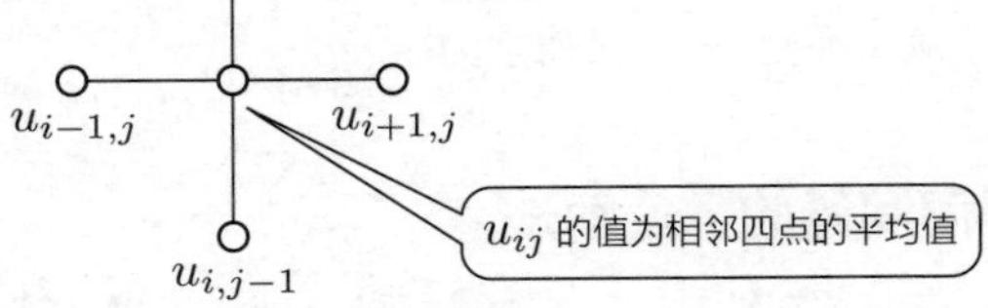
$u_{i,j+1}$
$u_{i-1,j}$
$u_{i+1,j}$
u_{ij} 的值为相邻四点的平均值
$u_{i,j-1}$

■图3.5　u_{ij}的值为相邻四点的平均值

虽然上述言论有些直观，但是，把偏微分转为差分来分析会得出一样的结论。具体请参见附录A.2。

按照图3.5的思考方法，边界值问题就是让所有格点与相邻格点的关系满足式（6）的问题。

例如，在图3.6的问题中，可以列出区间 D 内 u_{11} ~ u_{33} 的关系式。图3.7展示了 u_{11} 的计算式。在图3.7中，u_{11} 的值等于上下左右相邻四点的平均值，可表示为：

$$u_{11} = (0 + 0 + u_{21} + u_{12})/4$$

同理，可列出区间 D 内 u_{11} ~ u_{33}的算式，如**图3.8**。计算满足图3.8算式的解，数组 u_{11} ~ u_{33}的过程，就相当于计算边界值的问题。

$$\frac{\partial^2 u(x,y)}{\partial x^2} + \frac{\partial^2 u(x,y)}{\partial y^2} = 0$$

解的区间 D：$0 \leq x \leq 1, 0 \leq y \leq 1$

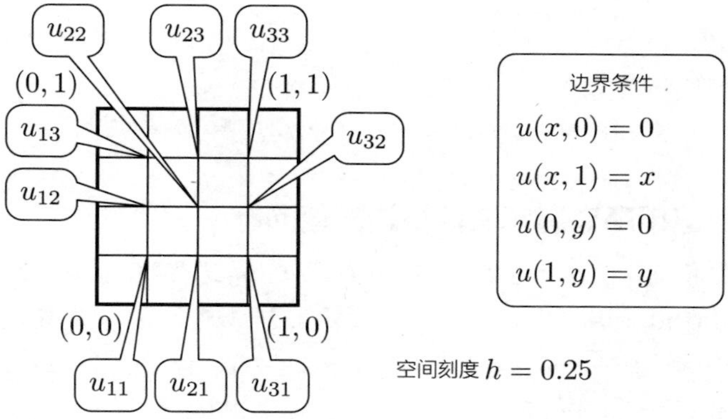
u22
u23
u33
(0, 1)
(1, 1)
u13
u32
u12
(0, 0)
(1, 0)
u11
u21
u31
边界条件
u(x, 0) = 0
u(x, 1) = x
u(0, y) = 0
u(1, y) = y
空间刻度 h = 0.25

■图3.6　边界值问题的实例（非常粗糙的离散）

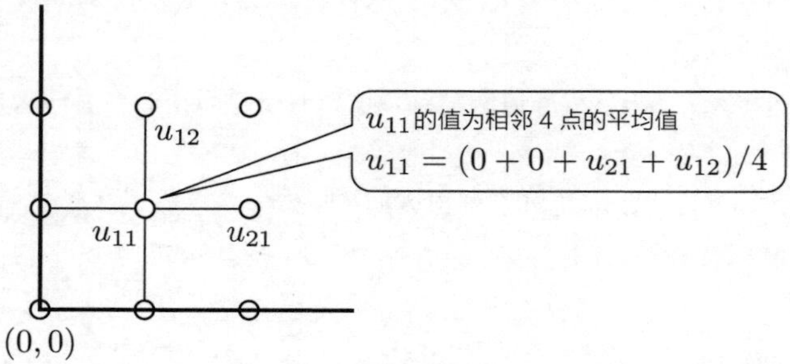
u_{12}
u_{11}的值为相邻 4 点的平均值
$u_{11}=(0+0+u_{21}+u_{12})/4$
u_{11}
u_{21}
$(0,0)$

■图3.7　通过求相邻4点的平均值计算图3.6中u_{11}的值

$$\begin{cases} u_{11}=(0+0+u_{21}+u_{12})/4 \\ u_{21}=(0+u_{11}+u_{31}+u_{22})/4 \\ u_{31}=(0+u_{21}+0.25+u_{32})/4 \\ u_{12}=(u_{11}+0+u_{22}+u_{13})/4 \\ u_{22}=(u_{21}+u_{12}+u_{32}+u_{23})/4 \\ u_{32}=(u_{31}+u_{22}+0.5+u_{33})/4 \\ u_{13}=(u_{12}+0+u_{23}+0.25)/4 \\ u_{23}=(u_{22}+u_{13}+u_{33}+0.5)/4 \\ u_{33}=(u_{32}+u_{23}+0.75+0.75)/4 \end{cases} \tag{7}$$

同图3.7中的算式

以下同理，列出u_{11} ~ u_{33}的算式

■图3.8　计算图3.6中u_{11} ~ u_{33}的九元联立方程式

3.1.4　运用高斯消元法计算边界值问题

运用数值计算求解上述算式（7）中的联立方程式有多种方法。如，运用**高斯消元法（gaussian elimination）**就可以进行数值计算。

高斯消元法是一种通过操作联立方程式的系数，依次消项，最终求值的算法。现将联立方程式作以下标记。

$$\boldsymbol{A}\boldsymbol{x}=\boldsymbol{b} \tag{8}$$

其中，$\boldsymbol{A}$ **是系数矩阵（coefficient matrix）**，$\boldsymbol{x}$和$\boldsymbol{b}$分别代表未知变量和方程式右侧的矢量。

$$
\boldsymbol{A}=\begin{pmatrix} a_{11} & a_{12} & \cdots & a_{1n} \\ a_{21} & a_{22} & \cdots & a_{2n} \\ \vdots & & \ddots & \\ a_{n1} & a_{n2} & \cdots & a_{nn} \end{pmatrix}
$$

$$
\boldsymbol{x}=\begin{pmatrix} x_1 \\ x_2 \\ \vdots \\ x_n \end{pmatrix} \qquad \boldsymbol{b}=\begin{pmatrix} b_1 \\ b_2 \\ \vdots \\ b_n \end{pmatrix}
$$

现在为了简化说明算法，列出 $\boldsymbol{A}$ 和 $\boldsymbol{b}$ 并排的矩阵，称作**系数增广矩阵**（**enlarged coefficient matrix**）。

$$
\begin{pmatrix} a_{11} & a_{12} & \cdots & a_{1n} & b_1 \\ a_{21} & a_{22} & \cdots & a_{2n} & b_2 \\ \vdots & & \ddots & & \vdots \\ a_{n1} & a_{n2} & \cdots & a_{nn} & b_n \end{pmatrix} \tag{9}
$$

高斯消元法对系数扩充矩阵的操作分为两个阶段：**向前消元**（**forward elimination**）和**回代**（**backward substitution**）。

首先，在向前消元阶段，将系数扩充矩阵的第1行除以 a_{11}，使得 a_{11}变为1。下文在相除之后的结果上标记（1）的符号，表示对系数做过一次消元。实际在算式（10）中，如 $a_{12}{}^{(1)}=a_{12}/a_{11}$ 。

$$
\begin{pmatrix} 1 & a_{12}{}^{(1)} & \cdots & a_{1n}{}^{(1)} & b_1{}^{(1)} \\ a_{21} & a_{22} & \cdots & a_{2n} & b_2 \\ \vdots & & \ddots & & \vdots \\ a_{n1} & a_{n2} & \cdots & a_{nn} & b_n \end{pmatrix} \tag{10}
$$

然后，用第1行乘以 a_{21}，再用第2行相减，消去 a_{21}。

$$\begin{pmatrix} 1 & a_{12}{}^{(1)} & \cdots & a_{1n}{}^{(1)} & b_1{}^{(1)} \\ 0 & a_{22}{}^{(1)} & \cdots & a_{2n}{}^{(1)} & b_2{}^{(1)} \\ \vdots & & \ddots & & \vdots \\ a_{n1} & a_{n2} & \cdots & a_{nn} & b_n \end{pmatrix} \tag{11}$$

同理，消去a_{31}到a_{n1}的系数。

$$\begin{pmatrix} 1 & a_{12}{}^{(1)} & \cdots & a_{1n}{}^{(1)} & b_1{}^{(1)} \\ 0 & a_{22}{}^{(1)} & \cdots & a_{2n}{}^{(1)} & b_2{}^{(1)} \\ \vdots & & \ddots & & \vdots \\ 0 & a_{n2}{}^{(1)} & \cdots & a_{nn}{}^{(1)} & b_n{}^{(1)} \end{pmatrix} \tag{12}$$

接着，用第2行的各个系数除以$a_{22}{}^{(1)}$，使得$a_{22}{}^{(1)}$变为1。

$$\begin{pmatrix} 1 & a_{12}{}^{(1)} & \cdots & a_{1n}{}^{(1)} & b_1{}^{(1)} \\ 0 & 1 & \cdots & a_{2n}{}^{(2)} & b_2{}^{(2)} \\ \vdots & & \ddots & & \vdots \\ 0 & a_{n2}{}^{(1)} & \cdots & a_{nn}{}^{(1)} & b_n{}^{(1)} \end{pmatrix} \tag{13}$$

利用第2行，消去$a_{32}{}^{(1)}$到$a_{n2}{}^{(1)}$的系数。

$$\begin{pmatrix} 1 & a_{12}{}^{(1)} & \cdots & a_{1n}{}^{(1)} & b_1{}^{(1)} \\ 0 & 1 & \cdots & a_{2n}{}^{(2)} & b_2{}^{(2)} \\ \vdots & & \ddots & & \vdots \\ 0 & 0 & \cdots & a_{nn}{}^{(2)} & b_n{}^{(2)} \end{pmatrix} \tag{14}$$

下面重复操作便可得出算式（15）。

$$\begin{pmatrix} 1 & a_{12}{}^{(1)} & \cdots & a_{1n}{}^{(1)} & b_1{}^{(1)} \\ 0 & 1 & \cdots & a_{2n}{}^{(2)} & b_2{}^{(2)} \\ \vdots & & \ddots & & \vdots \\ 0 & 0 & \cdots & 1 & b_n{}^{(n)} \end{pmatrix} \tag{15}$$

根据算式（15），可求出 x_n。至此，向前消元过程结束。

$$x_n = {b_n}^{(n)} \tag{16}$$

之后，将算式（16）的值代入算式（15）从下数的第2行，求出 x_{n-1}。同理，可求出 $x_{n-2}, x_{n-3}, \cdots, x_1$。以上步骤称为回代。

运用上述方法解联立方程式的程序gauss.py可见于**列表3.1**，另，通过gauss.py程序，求解算式（7）的结果参见**执行例3.1**。

■ 列表3.1　解联立方程式的gauss.py程序

扫码看视频

```
# -*- coding: utf-8 -*-
"""
gauss.py程序
高斯消元法
运用高斯消元法解联立方程式
使用方法　c:\>python gauss.py
"""

# 全局变量
N = 9   # 解n元联立方程式
r = [[4, -1, 0, -1, 0, 0, 0, 0, 0, 0], [-1, 4, -1, 0, -1, 0, 0, 0, 0, 0],
     [0, -1, 4, 0, 0, -1, 0, 0, 0, 0.25], [-1, 0, 0, 4, -1, 0, -1, 0, 0, 0],
     [0, -1, 0, -1, 4, -1, 0, -1, 0, 0], [0, 0, -1, 0, -1, 4, 0, 0, -1, 0.5],
     [0, 0, 0, -1, 0, 0, 4, -1, 0, 0.25], [0, 0, 0, 0, -1, 0, -1, 4, -1, 0.5],
     [0, 0, 0, 0, 0, -1, 0, -1, 4, 1.5]]  # 系数增广矩阵

# 分包函数的定义
# forward()函数
def forward(r):
    """向前消元"""
    for i in range(0, N):
        rii = r[i][i]
        for j in range(i, N + 1):
            r[i][j] /= rii          # 行i的系数除以rii
        for k in range(i + 1, N):  # i+1行以下的处理
            rki = r[k][i]
            for j in range(i, N + 1):
                r[k][j] -= r[i][j] * rki  # 消去第一项
```

```
# forward()函数结束

# backward()函数
def backward(r,x):
    """回代"""
    for i in range(N-1, -1, -1):  # 从下段依次向上段代入
        sum = 0.0
        for j in range(i + 1, N):
            sum += r[i][j] * x[j]  # 各项之和
        x[i] = r[i][N] - sum  # 计算xi
# backward()函数结束

# 主执行部分
x = [0] * N      # 未知变量
forward(r)       # 向前消元
backward(r, x)  # 回代
# 输出结果
print(r)
print(x)
# gauss.py结束
```

■执行例3.1　gauss.py程序的运行结果

系数增广矩阵的计算结果

```
C:\Users\odaka\Documents\ch3>python gauss.py
[[1.0, -0.25, 0.0, -0.25, 0.0, 0.0, 0.0, 0.0, 0.0, 0.0], [0.0, 1.0,
-0.26666666666666666, -0.06666666666666667, -0.26666666666666666,
0.0, 0.0, 0.0, 0.0, 0.0], [0.0, 0.0, 1.0, -0.017857142857142856,
-0.07142857142857142, -0.26785714285714285, 0.0, 0.0, 0.0,
0.06696428571428571], [0.0, 0.0, 0.0, 1.0, -0.28708133971291866,
-0.004784688995215311, -0.2679425837320574, 0.0, 0.0,
0.0011961722488038277], [0.0, 0.0, 0.0, 0.0, 1.0, -0.3160112359550615,
-0.08426966292134831, -0.29353932584269665, 0.0,
0.0056179775280898875], [0.0, 0.0, 0.0, 0.0, 0.0, 1.0,
-0.02815734989648033, -0.09316770186335405, -0.294824016563147,
0.16894409937888202], [0.0, 0.0, 0.0, 0.0, 0.0, 0.0, 1.0,
-0.2950379973178364, -0.007599463567277602, 0.07258605274921769],
[0.0, 0.0, 0.0, 0.0, 0.0, 0.0, 0.0, 1.0, -0.32835820895522394,
0.1902985074626866], [0.0, 0.0, 0.0, 0.0, 0.0, 0.0, 0.0, 0.0, 1.0, 0.5625]]
```

```
[0.0625, 0.125, 0.1875, 0.125, 0.25000000000000006, 0.37500000000000006,
0.1875, 0.37500000000000006, 0.5625]

C:\Users\odaka\Documents\ch3>
```

值的计算结果（u_{11}~u_{33}）

此外，本章节为了介绍高斯消元法的算法，以及展示其实际组成的方法，只利用了Python的基础语言功能，制作了解联立方程式的程序。但实际上，Python里具备能够简便求解联立方程式的numpy模块。这一点在第3.3节将会讲到。

3.1.5 运用逐步近似计算边界值问题

高斯消元法是将人工手写求解联立方程式的过程，运用电脑算法编辑出来的数值计算方法。与之相对，还可通过反复近似的方法求解联立方程式。该方法被称作运用联立方程式的**反复法**的逐步近似解法。

一般地，运用反复法解联立方程式的方法有**高斯赛德尔法（Gauss-Seidel method）**和**雅可比法（Jacobi method）**。在这里，考虑运用基于雅可比法的反复法的逐步近似，求解拉普拉斯方程离散后的联立方程式。

将前文图3.6的 u_{ij} 表示为矩阵，可见于下记算式（17）。

$$\begin{pmatrix} 0 & 0.25 & 0.5 & 0.75 & 1 \\ 0 & u_{13} & u_{23} & u_{33} & 0.75 \\ 0 & u_{12} & u_{22} & u_{32} & 0.5 \\ 0 & u_{11} & u_{21} & u_{31} & 0.25 \\ 0 & 0 & 0 & 0 & 0 \end{pmatrix} \tag{17}$$

算式（17）中的 u_{11} ~ u_{33} 虽然是未知的，但可以先暂设一个合适的近似值。如，假设所有值为0。

$$\begin{pmatrix} 0 & 0.25 & 0.5 & 0.75 & 1 \\ 0 & 0 & 0 & 0 & 0.75 \\ 0 & 0 & 0 & 0 & 0.5 \\ 0 & 0 & 0 & 0 & 0.25 \\ 0 & 0 & 0 & 0 & 0 \end{pmatrix} \tag{18}$$

算式（18）只设定了一个适当值，因此，这样自然无法满足拉普拉斯方程。故作为第一次近似，需按合适的顺序，通过把 u_{11} ~ u_{33}代入算式（6），尝试优化近似值（**图3.9**）。图3.9中，以算式（18）的值为基础，根据算式（6）重新计算出 u_{11} ~ u_{33}的值。

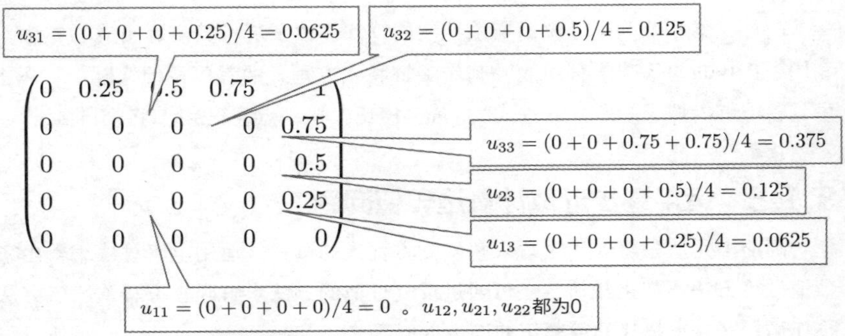

$u_{31}=(0+0+0+0.25)/4=0.0625$
$u_{32}=(0+0+0+0.5)/4=0.125$
$u_{33}=(0+0+0.75+0.75)/4=0.375$
$u_{23}=(0+0+0+0.5)/4=0.125$
$u_{13}=(0+0+0+0.25)/4=0.0625$
$u_{11}=(0+0+0+0)/4=0$ 。u_{12},u_{21},u_{22}都为0

■图3.9　针对算式（18），把 u_{11} ~ u_{33}代入算式（6），优化近似值

图3.9的计算结果如算式（19）

$$\begin{pmatrix} 0 & 0.25 & 0.5 & 0.75 & 1 \\ 0 & 0.0625 & 0.125 & 0.375 & 0.75 \\ 0 & 0 & 0 & 0.125 & 0.5 \\ 0 & 0 & 0 & 0.0625 & 0.25 \\ 0 & 0 & 0 & 0 & 0 \end{pmatrix} \tag{19}$$

同理，把算式（19）再次代入式（6）。于是，得到算式（20）的结果。

$$\begin{pmatrix} 0 & 0.25 & 0.5 & 0.75 & 1 \\ 0 & 0.09375 & 0.234375 & 0.4375 & 0.75 \\ 0 & 0.015625 & 0.0625 & 0.234375 & 0.5 \\ 0 & 0 & 0.015625 & 0.09375 & 0.25 \\ 0 & 0 & 0 & 0 & 0 \end{pmatrix} \tag{20}$$

以下通过同样的重复操作，逐步优化近似值。该例中经过重复40次计算，便得到了算式（21）。其结果与前文执行例3.1中运用高斯消元法得到的结果一致。

$$\begin{pmatrix} 0 & 0.25 & 0.5 & 0.75 & 1 \\ 0 & 0.1875 & 0.375 & 0.5625 & 0.75 \\ 0 & 0.125 & 0.25 & 0.375 & 0.5 \\ 0 & 0.0625 & 0.125 & 0.1875 & 0.25 \\ 0 & 0 & 0 & 0 & 0 \end{pmatrix} \tag{21}$$

基于上述算法，在后面的3.2节会展示具体的程序制作方法。

3.1.6　其他二阶偏微分方程

到目前为止，提到了二阶偏微分方程的代表——拉普拉斯方程和泊松方程。这些方程均被称为**椭圆型偏微分方程（elliptic partial differential equation）**。除此之外，常数系数含2个自变量的二阶偏微分方程还有**波动方程（双曲型偏微分方程）（wave equation，hyperbolic partial differential equation）**，**扩散方程（抛物型偏微分方程）（diffusion equation，parabolic partial differential equation）**等。**表3.1**展示了典型的二阶偏微分方程的例子。

■表3.1　典型的二阶偏微分方程例子

型	名称	方程式	说明
椭圆型	拉普拉斯方程	$\frac{\partial^2 u(x,y)}{\partial x^2}+\frac{\partial^2 u(x,y)}{\partial y^2}=0$ 或 $\Delta u(x,y)=0$	特殊的泊松方程
	泊松方程	$\frac{\partial^2 u(x,y)}{\partial x^2}+\frac{\partial^2 u(x,y)}{\partial y^2}=f(x,y)$	在力学和电磁学等多领域中，用于描述场
双曲型	波动方程	$\frac{\partial^2 u(x,t)}{\partial t^2}=c\frac{\partial^2 u(x,t)}{\partial x^2}$ （c为正常数）	描述弦的振动等依存于时间的波
抛物型	扩散方程	$\frac{\partial u(x,t)}{\partial t}=c\frac{\partial^2 u(x,t)}{\partial x^2}$ （c为正常数）	描述热传导和物质的扩散

3.2 运用拉普拉斯方程模拟场

3.2.1 拉普拉斯方程的反复解法程序

下面就拉普拉斯方程的边界值问题，介绍一下基于反复法的解法程序。例题中区间 D 分为长方形和复杂形状。

如第3.1节所述，在区间 D 内解拉普拉斯方程，要反复计算离散后的 $u(x,y)$ 矩阵 u_{ij} 的近似值，并确保区间 D 内部各点均满足拉普拉斯方程。计算步骤如下：

（1）设定 u_{ij} 的初始值

在区间的边界设定符合边界条件的值。在区间内设定适当的初始值。

（2）在未达到合适的终止条件前，重复以下操作

(2–1) 从 u_{ij} 计算 $u_{ij}{}^{(next)}$

计算 u_{ij} 周围4点的平均值，将所得平均值作为新的 u_{ij} 的值 $u_{ij}{}^{(next)}$。

在全区间内计算上述值。

(2–2) 把 $u_{ij}{}^{(next)}$ 复制到 u_{ij}

（3）输出计算结果

把上述（1）~（3）的步骤，组装到Python语言的程序中。在程序中，重新设定了长方形区间 D 的格点数。另，u_{ij} 的初始值设定从标准输入开始读取。

运用上述方法制作的拉普拉斯方程的解法程序laplace.py的源代码可见于**列表3.2**。

■ 列表3.2　laplace.py程序

```
# -*- coding: utf-8 -*-
"""
laplace.py程序
拉普拉斯方程的解法程序
运用反复法解拉普拉斯方程
使用方法  c:\>python laplace.py
"""
# 引入模块
import math

# 常数
```

扫码看视频

```
LIMIT = 1000  # 反复次数的上限
N = 101       # x轴方向的分割数
M = 101       # y轴方向的分割数

# 分包函数的定义
# iteration()函数
def iteration(u):
    """一次重复计算"""
    u_next = [[0 for i in range(N)] for j in range(M)]  # 下个step的uij
    # 计算下个step的值
    for i in range(1, N - 1):
        for j in range(1, M - 1):
            u_next[i][j] = (u[i][j - 1] + u[i -1][j] + u[i + 1][j]
                            + u[i][j + 1]) / 4

    # 更新 uij
    for i in range(1, N - 1):
        for j in range(1, M - 1):
            u[i][j] = u_next[i][j]
# iteration()函数结束

# 主执行部分
u = [[0 for i in range(N)] for j in range(M)]  # uij的初始化
for i in range(M):
    u[0][i] = math.sin(2 * math.pi * i / (M - 1))

# 反复法计算
for i in range(LIMIT):
    iteration(u)

print(u)  # 输出结果
# laplace.py结束
```

laplace.py程序只能输出数值，所以很难把握计算结果。因此，为了便于理解运行结果，有必要对其图像化。为此，**列表3.3**展示了输出图像计算结果的glaplace.py程序。

■ 列表3.3　输出图像的glaplace.py程序

扫码看视频

```
# -*- coding: utf-8 -*-
"""
glaplace.py程序
拉普拉斯方程的解法程序
运用反复法解拉普拉斯方程
图示结果
使用方法　c:\>python glaplace.py
"""
# 引入模块
import numpy as np
import matplotlib.pyplot as plt
from mpl_toolkits.mplot3d import Axes3D
from matplotlib import cm
import math

# 常数
LIMIT = 1000  # 反复次数的上限
N = 101       # x轴方向的分割数
M = 101       # y轴方向的分割数

# 分包函数的定义
# iteration()函数
def iteration(u):
    """一次重复计算"""
    u_next = [[0 for i in range(N)] for j in range(M)]  # 下个step的uij
    # 计算下个step的值
    for i in range(1, N - 1):
        for j in range(1, M - 1):
            u_next[i][j] = (u[i][j - 1] + u[i -1][j] + u[i + 1][j]
                            + u[i][j + 1]) / 4

    # 更新 uij
    for i in range(1, N - 1):
        for j in range(1, M - 1):
            u[i][j] = u_next[i][j]
# iteration()函数结束

# 主执行部分
u = [[0 for i in range(N)] for j in range(M)]  # uij的初始化
```

```
for i in range(M):
    u[0][i] = math.sin(2 * math.pi * i / (M - 1))

# 反复法计算
for i in range(LIMIT):
    iteration(u)

print(u)  # 输出结果

# 绘图
x = np.arange(0, N)
y = np.arange(0, M)
X, Y = np.meshgrid(x, y)
fig = plt.figure()
ax = Axes3D(fig)
U = np.array(u)
# ax.plot_wireframe(X, Y, U)  # wireframe形式
ax.plot_surface(X, Y, U, cmap = cm.coolwarm)  # surface形式
plt.show()
# glaplace.py结束
```

glaplace.py程序的执行例参见**图3.10**。图3.10设定边界的三边为0，剩余一边利用三角函数形成的波浪作为边界条件，在此基础上，运用glaplace.py程序计算内部情况的结果。

（1）surface形式

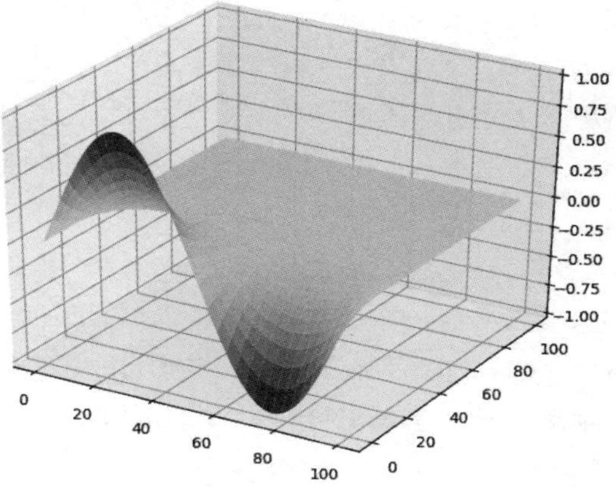
1.00
0.75
0.50
0.25
0.00
−0.25
−0.50
−0.75
−1.00
0
20
40
60
80
100
0
20
40
60
80
100

■图3.10　glaplace.py程序的执行例

（2）wireframe形式

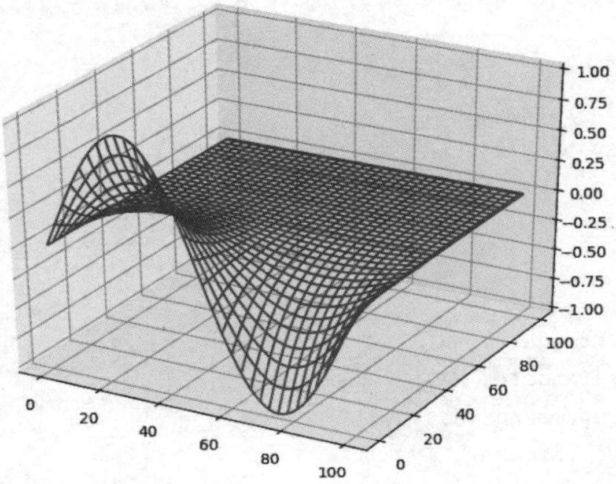
1.00
0.75
0.50
0.25
0.00
−0.25
−0.50
−0.75
−1.00
0
20
40
60
80
100
0
20
40
60
80
100

■图3.10 glaplace.py程序的执行例（续）

图3.10分别用surface形式和wireframe形式两种表现方法进行了绘图。这也可以通过选定执行列表3.3中源代码的第55行或第56行来做出选择。也就是说，直接运行列表3.3程序的话，呈现的图像将是图3.10（1）的surface形式。相反，若想要呈现图3.10（2）中的wireframe形式的话，则需要替换下第54行和55行的#符号，重新设定运行第55行，注释第56行的程序。

```
56:# ax.plot_wireframe(X, Y, U)  # wireframe形式
57:ax.plot_surface(X, Y, U, cmap = cm.coolwarm)  # surface形式
                    ↓
56:ax.plot_wireframe(X, Y, U)  # wireframe形式
57:# ax.plot_surface(X, Y, U, cmap = cm.coolwarm)  # surface形式
```

通过替换#符号，注释第56行不必执行

接下来，简单说明一下laplace.py程序的内部计算程序。首先，在从第34行开始的主执行部分中，第34行的u[][]全部初始化为0。按照下边的第35行到第36行for语句，把sin函数值设置成u[][]圈起部分区间的一边的初始值。其次，计算对象区域D的初始值，即边界条件，如**图3.11**所示。此外，因计算边界条件使用sin函数，所以本程序中引入了math模块。

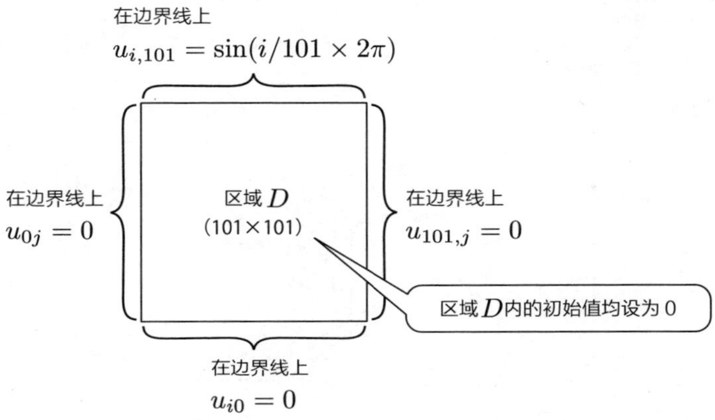

在边界线上
$u_{i,101} = \sin(i/101 \times 2\pi)$
在边界线上
$u_{0j} = 0$
区域 D
（101×101）
在边界线上
$u_{101,j} = 0$
区域 D内的初始值均设为 0
在边界线上
$u_{i0} = 0$

■ 图3.11　计算图3.10所需的边界条件

接着继续说明程序。接下来的第39行~40行的for语句是反复计算的主体。在第40行，引出进行第一次反复计算的函数iteration()，更新u[][]的值。LIMIT次的反复计算结束后，由第42行的print()函数输出 u[][]的内容。

然后，再看一下分包函数的iteration()函数。从第18行开始的iteration()函数运行了第一次反复计算。据第22行及23行的两处for语句，u[][]内部全体均适用第24行~25行的代入语句。将结果代入u-next[][]。全部计算完成后，再重新将u-next[][]代入u[][]，更新u[][]的值（第28~30行）。

改变边界条件的设定，尝试运行laplace.py程序。**图3.12**是在图3.11的基础上，利用cos函数设定下面一边的边界条件的例子。要想得到图3.12的计算结果，需在laplace.py程序的第37行（glaplace.py程序的第42行）追加以下代入语句。

```
35:for i in range(M):
36:    u[0][i] = math.sin(2 * math.pi * i / (M - 1))
37:
                 ↓
35:for i in range(M):
36:    u[0][i] = math.sin(2 * math.pi * i / (M - 1))
37:    u[M - 1][i] = math.cos(2 * math.pi * i / (M - 1))
```

（1）边界条件

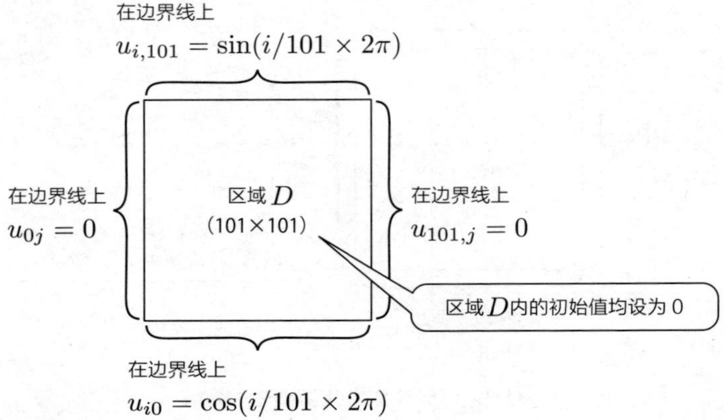
在边界线上
$u_{i,101} = \sin(i/101 \times 2\pi)$
在边界线上
$u_{0j} = 0$
区域 D
（101×101）
在边界线上
$u_{101,j} = 0$
区域 D 内的初始值均设为 0
在边界线上
$u_{i0} = \cos(i/101 \times 2\pi)$

（2）计算结果

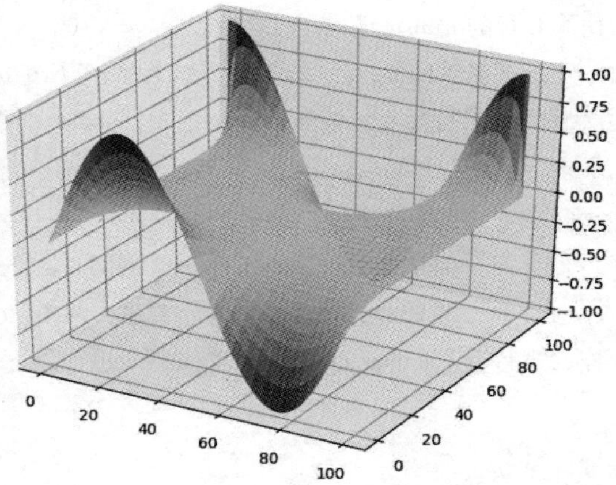
1.00
0.75
0.50
0.25
0.00
−0.25
−0.50
−0.75
−1.00
0
20
40
60
80
100
0
20
40
60
80
100

■图3.12　基于不同边界条件的计算结果

3.2.2　复杂形状的区域

laplace.py程序计算的是正方形区域。若对程序加以改造的话，可以进行更加复杂区域的计算。

例如，图3.13的形状区域 $D2$ 。区域 $D2$ 上下左右各缺少1/4的部分。

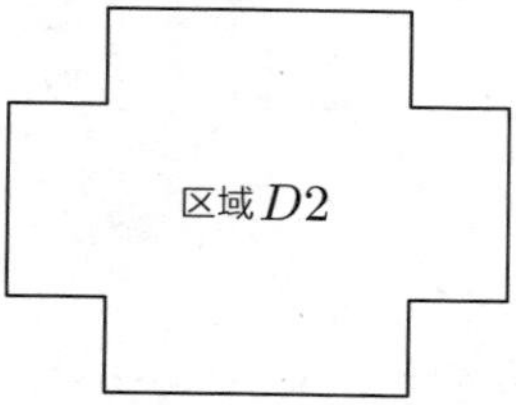
区域D2

■图3.13 复杂形状区域的实例（上下左右各缺少1/4的部分）

计算区域 $D2$ 时，需要在laplace.py程序的iteration()函数内，改变计算uij函数值的第27行~30行。

laplace.py程序中，通过第27行和28行的for语句，指定计算长方形区域内的值。与之相对，在计算图3.13的区域时，比如，需将区域 $D2$ 如**图3.14**一样分割成上下三部分，追加程序，使其分别用各自的for语句，计算分割区域内的值。另外，设定u[][]是覆盖整个区域 $D2$ 的长方形，u[][]初始值可以代入区域外适当的值（如0）。

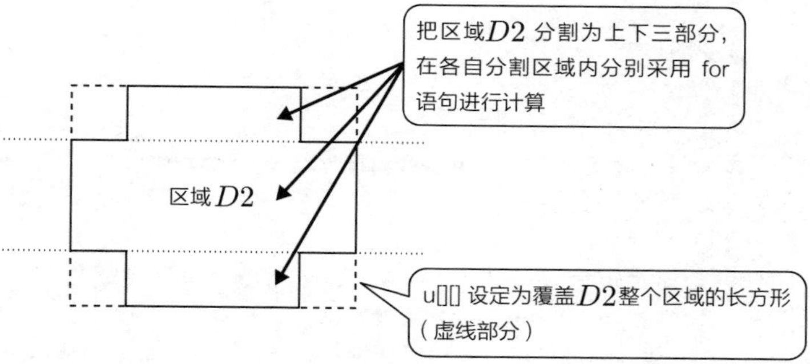
把区域D2 分割为上下三部分，
在各自分割区域内分别采用 for
语句进行计算
区域D2
u[][] 设定为覆盖D2整个区域的长方形
（虚线部分）

■图3.14 区域分割与u[][]设定

列表3.4展示了计算图3.13中区域 $D2$ 的程序glaplace2.py。

■列表3.4 glaplace2.py程序

```
# -*- coding: utf-8 -*-
"""
glaplace2.py程序
拉普拉斯方程的解法程序2
边界条件以区域D2为对象
运用反复法解拉普拉斯方程
```

扫码看视频

```
图示结果
使用方法  c:\>python glaplace2.py
"""
# 引入模块
import numpy as np
import matplotlib.pyplot as plt
from mpl_toolkits.mplot3d import Axes3D
from matplotlib import cm
import math

# 常数
LIMIT = 1000  # 反复次数的上限
N = 101       # x轴方向的分割数
M = 101       # y轴方向的分割数

# 分包函数的定义
# iteration()函数
def iteration(u):
    """
    一次反复计算
    用于计算D2区间
    """
    u_next = [[0 for i in range(N)] for j in range(M)]  # 下个step的uij
    # 计算下个step的值
    # 下边1/4的计算
    for i in range(int(N / 4), int((N - 1) * 3 / 4)):
        for j in range(1, int((M - 1) / 4)):
            u_next[i][j] = (u[i][j - 1] + u[i - 1][j] + u[i + 1][j]
                            + u[i][j + 1]) / 4
    # 中央1/2的计算
    for i in range(1, N - 1):
        for j in range(int((M - 1) / 4), int((M - 1) * 3 / 4)):
            u_next[i][j] = (u[i][j - 1] + u[i - 1][j] + u[i + 1][j]
                            + u[i][j + 1]) / 4
    # 上边1/4的计算
    for i in range(int(N / 4), int((N - 1) * 3 / 4)):
        for j in range(int((M - 1) * 3 / 4), M - 1):
            u_next[i][j] = (u[i][j - 1] + u[i - 1][j] + u[i + 1][j]
                            + u[i][j + 1]) / 4
```

```

    # 更新uij
    for i in range(1, N - 1):
        for j in range(1, M - 1):
            u[i][j] = u_next[i][j]
# iteration()函数结束

#主执行部分
u = [[0 for i in range(N)] for j in range(M)]  # uij的初始化
for i in range(M):
    u[0][i] = math.sin(2 * math.pi * i / (M - 1))

# 反复法计算
for i in range(LIMIT):
    iteration(u)

print(u)  # 输出结果

# 绘图
x = np.arange(0, N)
y = np.arange(0, M)
X,Y = np.meshgrid(x, y)
fig = plt.figure()
ax = Axes3D(fig)
U = np.array(u)
# ax.plot_wireframe(X, Y, U)  # wireframe形式
ax.plot_surface(X, Y, U, cmap = cm.coolwarm)  # surface形式
plt.show()
# glaplace2.py结束
```

glaplace2.py程序的执行结果见**图3.15**。

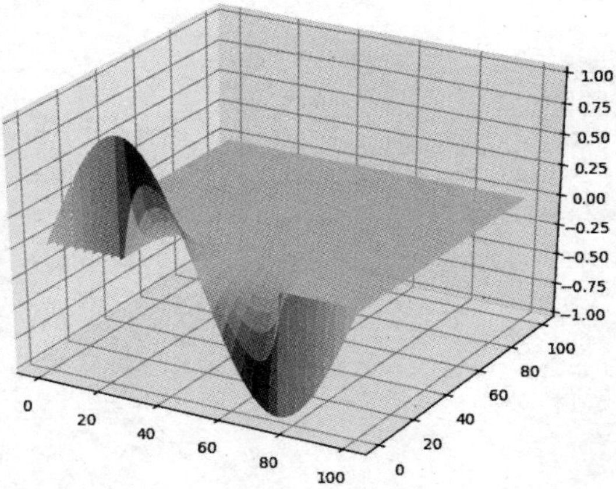
1.00
0.75
0.50
0.25
0.00
−0.25
−0.50
−0.75
−1.00
0
20
40
60
80
100
0
20
40
60
80
100

■图3.15　glaplace2.py程序的执行结果

3.3 Python模块的应用

前文所介绍的程序中，采用了反复循环的处理方法表述矩阵的计算。为理解算法，有必要理解这些表述方法。但在Python中具备简便计算矩阵的模块。

例如，gauss.py程序等解联立方程的程序，若使用numpy模块的话，可表示为**列表3.5**的形式。在列表3.5的numpygauss.py程序中，对系数矩阵a和方程式右侧的b设定值后，于第19行的下一行就可以解出联立方程。

```
19:x = np.linalg.solve(a, b)  # 解方程
```

如上所述，使用Python的numpy模块可以很简单地描述矩阵相关的计算。

■列表3.5　采用numpy模块的联立方程解法程序：numpygauss. py程序

```
1:# -*- coding: utf-8 -*-
2:"""
3:numpygauss.py程序
4:运用numPy解联立方程的解法程序
5:使用方法  c:\>python numpygauss.py
6:"""
7:# 引入模块
```

扫码看视频

```
import numpy as np

# 全局变量
a = np.array([[4, -1, 0, -1, 0, 0, 0, 0, 0], [-1, 4, -1, 0, -1, 0, 0, 0, 0],
     [0, -1, 4, 0, 0, -1, 0, 0, 0, ], [-1, 0, 0, 4, -1, 0, -1, 0, 0],
     [0, -1, 0, -1, 4, -1, 0, -1, 0], [0, 0, -1, 0, -1, 4, 0, 0, -1],
     [0, 0, 0, -1, 0, 0, 4, -1, 0], [0, 0, 0, 0, -1, 0, -1, 4, -1],
     [0, 0, 0, 0, 0, -1, 0, -1, 4]])  # 系数矩阵
b = np.array([0, 0, 0.25, 0, 0, 0.5, 0.25, 0.5, 1.5])  # 方程右边

# 主执行部分
x = np.linalg.solve(a, b)  # 解方程
print(x)  # 输出结果
# numpygauss.py结束
```

numpygauss. py程序的执行例可见于**执行例3.2**。

■ 执行例3.2　numpygauss. py程序的执行例

```
C:\Users\odaka\Documents\ch3>python numpygauss.py
[ 0.0625  0.125   0.1875  0.125   0.25    0.375   0.1875  0.375   0.5625]

C:\Users\odaka\Documents\ch3>
```

章末问题

（1）第3.2节展示了拉普拉斯方程的数值解法。运用同样的方法，还可以计算拉普拉斯方程的一般化方程——泊松方程（本章算式（5））。将拉普拉斯方程分离离散化后，u_{ij}的值等于相邻4点的平均值。泊松方程则可按照以下算式计算u_{ij}的值。其中，h表示空间跨度，$f(x,y)$是位于泊松方程右边的已知函数。

$$u_{ij} = \frac{u_{i,j-1} + u_{i-1,j} + u_{i+1,j} + u_{i,j+1} - h^2 f(x,y)}{4} \tag{22}$$

利用上述算式（22），请试模拟带电电荷所在平面的电荷分布等利用泊松方程描述的物理现象。并将其结果生成图像，请以第2章章末问题的“超级冰壶”游戏作为背景。

（2）第3.2节中介绍的运用反复法解拉普拉斯方程的解法程序laplace.py是性能较高的程序。即，在求u_{ij}周围4点的平均值时，同时可计算区域D内所有点的值。因此，使用多核CPU的话，在原理上几乎可以实现计算速度与核数成比例的高速化。由于Python里具备矩阵处理的功能，所以请尝试使用laplace.py程序的矩阵化。

（3）请对泊松方程代表的椭圆型，以及表3.1中双曲型和抛物型的偏微分方程进行数值计算。请通过求解表中扩散方程的一次方程，以及扩散方程的二次方程，绘出时间经过图，从中你也一定可以发现一些有趣之处。

第 4 章

利用元胞自动机的模拟

本章将介绍利用元胞自动机进行的模拟。作为例题，列举生命游戏的例子，生命游戏是元胞自动机的简单应用实例，具有模拟生物群体的意义。另外，作为运用元胞自动机模拟现实世界的例子，还会介绍运用元胞自动机模拟汽车交通流的原理。

4.1 元胞自动机的原理

4.1.1 元胞自动机的定义

元胞自动机（cellular automation）指持有内部状态的元胞通过与其他元胞互相作用，随时间变化的一种模型（**图4.1**）。这里所说的相互作用指的是由元胞间信息交换带来的内部状态的更新。

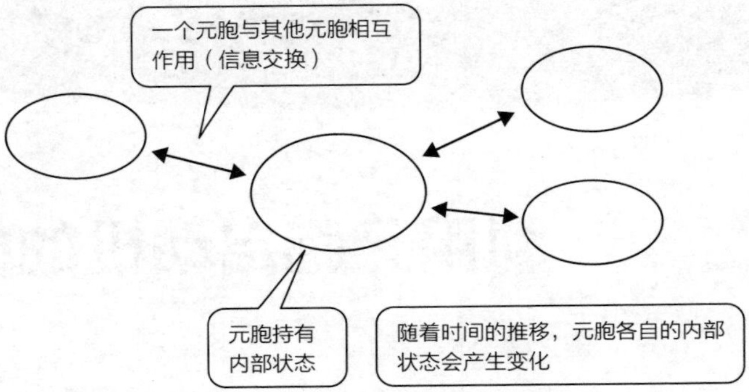
一个元胞与其他元胞相互作用（信息交换）
元胞持有内部状态
随着时间的推移，元胞各自的内部状态会产生变化

■图4.1 元胞自动机模型

在元胞自动机的世界里，存在有多个元胞。多个元胞各自独立，拥有单独的内部状态。所谓内部状态，指元胞持有的类似记忆的东西。状态的种类可以是无限的，不过，想要做出有意义的动作，至少需要两种状态。下文将着重介绍由状态0和状态1组成的，持有两种状态的元胞。

在事先决定好的条件基础下，元胞间可以互相交换信息。如，对平面上呈格子状分布的元胞可以设定条件，要求这些平面状的元胞可以获悉彼此的内部状态。这种模型称作**二维元胞自动机。**

图4.2便是其中一例。在图4.2当中，中间灰色标记的元胞与上下左右4个元胞进行信息交换。当然，也可以设定在更大范围内交换信息的复杂条件。例如，在图4.2 中，除上下左右元胞外，还可以考虑设置与斜对角相邻的元胞，或与隔一个元胞的元胞进行信息交换的模型。

但是，本章主要考虑与相邻元胞做信息交换的模型。

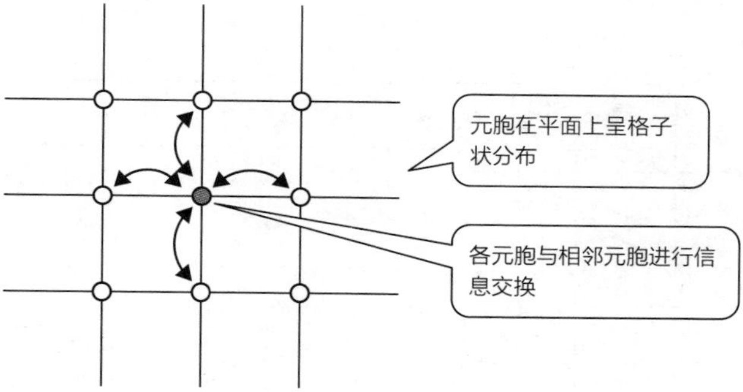
元胞在平面上呈格子状分布
各元胞与相邻元胞进行信息交换

■图4.2 二维元胞自动机的例子

在元胞自动机的世界里存在时间的概念。元胞状态会随时间变化而变化。一般地，元胞自动机世界里的所有元胞，在某一时刻会一齐更新状态。也就是说，在元胞自动机的世界里，时刻$t=0,1,2,\cdots$是离散变化的。

图4.3中的元胞 c_{ij} ，在时刻 $t=t_k$ 时，其状态记作 ${a_{ij}}^{tk}$ 。此时，元胞 c_{ij} 在下一时刻 t_{k+1} 的状态 ${a_{ij}}^{tk+1}$ ，取决于 ${a_{ij}}^{tk}$ 及其他元胞在时刻 t_k 的状态。至于如何决定可以任由元胞自动机世界的设计者自行决定。在图4.3的例子中，认为状态 ${a_{ij}}^{tk+1}$ 是由 ${a_{ij}}^{tk}$ ，以及 $t=t_k$ 时周围4个元胞的状态 ${a_{i,j-1}}^{tk}$、${a_{i-1,j}}^{tk}$、${a_{i+1,j}}^{tk}$、${a_{i,j+1}}^{tk}$ 决定的。在下图中，将这种方法标记为函数f，该函数被称作规则。

（1）时刻$t=t_k$

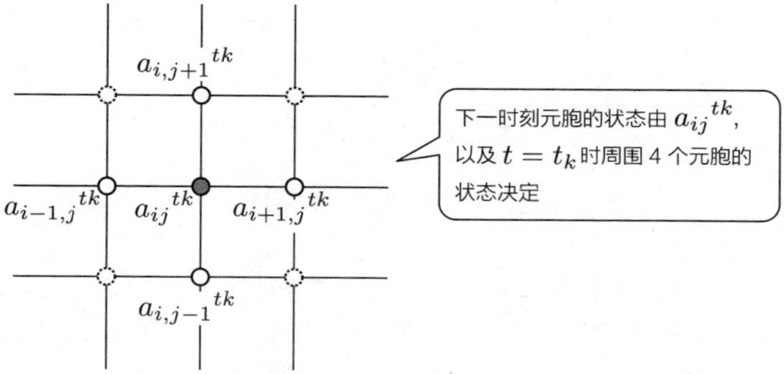
${a_{i,j+1}}^{tk}$
下一时刻元胞的状态由 ${a_{ij}}^{tk}$，以及 $t=t_k$ 时周围 4 个元胞的状态决定
${a_{i-1,j}}^{tk}$
${a_{ij}}^{tk}$
${a_{i+1,j}}^{tk}$
${a_{i,j-1}}^{tk}$

（2）时刻$t = t_{k+1}$

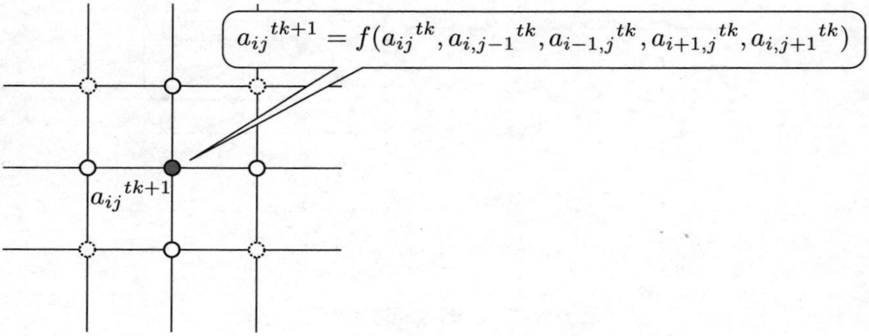
$a_{ij}{}^{tk+1} = f(a_{ij}{}^{tk}, a_{i,j-1}{}^{tk}, a_{i-1,j}{}^{tk}, a_{i+1,j}{}^{tk}, a_{i,j+1}{}^{tk})$
$a_{ij}{}^{tk+1}$

■图4.3　元胞自动机世界的时间发展图

接着，我们思考一下元胞自动机是如何按照规则变化的。首先，先来看一下操作较为简单的**一维元胞自动机的世界。**

一维元胞自动机的世界如**图4.4**所示，元胞是沿直线分布的。在这里，我们认为元胞的状态有0和1两种类型，元胞与相邻两侧的元胞相互作用。

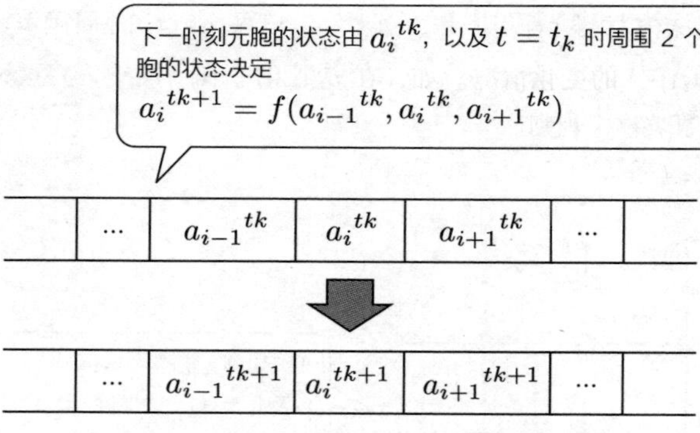
下一时刻元胞的状态由 $a_i{}^{tk}$，以及 $t = t_k$ 时周围 2 个元胞的状态决定
$a_i{}^{tk+1} = f(a_{i-1}{}^{tk}, a_i{}^{tk}, a_{i+1}{}^{tk})$
…
$a_{i-1}{}^{tk}$
$a_i{}^{tk}$
$a_{i+1}{}^{tk}$
…
…
$a_{i-1}{}^{tk+1}$
$a_i{}^{tk+1}$
$a_{i+1}{}^{tk+1}$
…

■图4.4　一维元胞自动机的世界

虽然元胞的状态是由相连3个元胞在上一时刻的状态所决定的，但仍需明确做决定的规则。3元胞从000到111，相邻3个元胞在上一时刻的状态共有8种排列情况。因此，对于这8种情况，一旦决定了$a_i{}^{tk+1}$的状态，便可形成规则。由于这8种情况各自均有2种选择，所以，规则总数有$2^8 = 256$种。在**表4.1**里展示了4种规则的例子。

■表4.1　一维元胞自动机规则的例子

（1）规则0

${a_{i-1}}^{tk}, {a_i}^{tk}, {a_{i+1}}^{tk}$	111	110	101	100	011	010	001	000
${a_i}^{tk+1}$	0	0	0	0	0	0	0	0

（2）规则2

${a_{i-1}}^{tk}, {a_i}^{tk}, {a_{i+1}}^{tk}$	111	110	101	100	011	010	001	000
${a_i}^{tk+1}$	0	0	0	0	0	0	1	0

（3）规则18

${a_{i-1}}^{tk}, {a_i}^{tk}, {a_{i+1}}^{tk}$	111	110	101	100	011	010	001	000
${a_i}^{tk+1}$	0	0	0	1	0	0	1	0

（4）规则30

${a_{i-1}}^{tk}, {a_i}^{tk}, {a_{i+1}}^{tk}$	111	110	101	100	011	010	001	000
${a_i}^{tk+1}$	0	0	0	1	1	1	1	0

在表4.1中，第一行并排的3位数字分别表示的是：在时刻 t_k时，目标元胞 ${a_i}^{tk}$ 的状态及其相邻两侧 ${a_{i-1}}^{tk}$和${a_{i+1}}^{tk}$ 的状态。如，最右列的000，表示这3个元胞的状态均为0。第二行表示的是：针对第一行的状态，目标元胞在下一时刻 t_{k+1} 的状态 ${a_i}^{tk+1}$ 的变化情况。如，在规则2中，对于右数第二列的001，可知其下一时刻的状态为1（**图4.5**）。

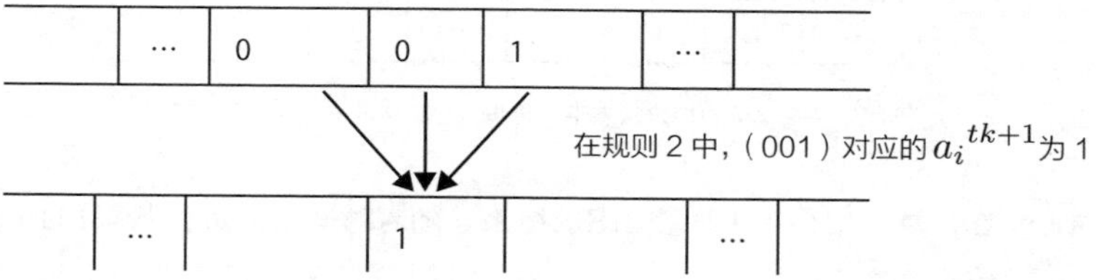
…
0
0
1
…
在规则 2 中，（001）对应的 ${a_i}^{tk+1}$为 1
…
1
…

■图4.5　基于规则2的状态变化的例子

规则的名称是将 ${a_i}^{tk+1}$的状态排列当做8位二进制数字解读，再将其表示成十进制数字而得到的。例如，（3）中的规则18，${a_i}^{tk+1}$的排列情况如下：

00010010

因此，将其看作8位二进制数字，

$$(00010010)_2 \quad \rightarrow \quad 2^4 + 2^1 = 18$$

故，名称被称作规则18。

接下来，我们试着手工追踪一下一维元胞自动机是如何获得时间发展的。现在考虑一个8元胞排列的一维元胞自动机。另外，规则采用规则2，初始状态假设为**图4.6**的样子。

c_0	c_1	c_2	c_3	c_4	c_5	c_6	c_7
0	0	0	0	1	0	0	0

■图4.6　一维元胞自动机的初始状态（$t = t_0$）

为了研究下一时刻的状态，如**图4.7**所示，要让各元胞适用规则。虽然 c_0 和 c_7 不存在适合规则的相邻元胞，但在此处假设 c_0 左侧和 c_7 右侧的状态一直为0，以此来进行计算。于是，在时刻 t_0，只有001所对应的 ${a_3}^{t0}$ 在时刻 t_0 时状态为1。

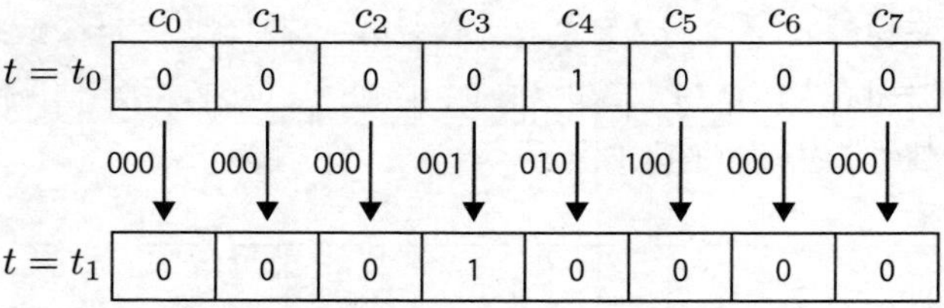
c_0 c_1 c_2 c_3 c_4 c_5 c_6 c_7
$t = t_0$
0 0 0 0 1 0 0 0
000 000 000 001 010 100 000 000
$t = t_1$
0 0 0 1 0 0 0 0

■图4.7　在图4.6的初始状态下，依据规则2求下一时刻 t_1 的状态

同理，在计算后便得出下面**图4.8**的结果。随着时间的推进，状态1的位置向左移去，最终全部变为0。

$t = t_0$	0	0	0	0	1	0	0	0
$t = t_1$	0	0	0	1	0	0	0	0
$t = t_2$	0	0	1	0	0	0	0	0
$t = t_3$	0	1	0	0	0	0	0	0
$t = t_4$	1	0	0	0	0	0	0	0
$t = t_5$	0	0	0	0	0	0	0	0

…

■图4.8　依据一维元胞自动机规则2的时间发展图

同样地，下面再看一下规则30（**图4.9**）。这次各元胞的状态变得复杂化，无法简单地推测出其最终走向。像这样，元胞自动机在不同的规则下，会出现不同的形态。

$t = t_0$	0	0	0	0	1	0	0	0
$t = t_1$	0	0	0	1	1	1	0	0
$t = t_2$	0	0	1	1	0	0	1	0
$t = t_3$	0	1	1	0	1	1	1	1
$t = t_4$	1	1	0	0	1	0	0	0
$t = t_5$	1	0	1	1	1	1	0	0

…

■图4.9　依据一维元胞自动机规则30的时间发展图

4.1.2　元胞自动机的计算程序

运用Python语言的程序，研究计算元胞自动机状态变迁的方法。

首先，使用列表描述一维元胞自动机。具体需准备如下所示的由N个要素组成的ca[]。

```
ca = [0 for i in range(N)]  # 元胞的排列
```

接下来，更新规则表也老老实实使用列表来描述，使用由8个要素组成的rule[]，按照程序执行时指定的规则号，设定rule[]的初始值。如，指定规则2（00000010）时，只有rule[1]为1，其余要素均为0。同样地，指定规则18（00010010）时，rule[4]和rule[1]为1，其余均为0。

```
rule = [0 for i in range(R)]  # 规则表的制作
```

使用规则表更新元胞自动机是按如下步骤进行的。在更新ca[]的i号码的元胞时，运用ca[i−1]、ca[i]以及ca[i+1]的值，进行以下运算，以此决定rule[]的脚标。

```
ca[i + 1] * 4 + ca[i] * 2 + ca[i - 1]
```

上述运算是为了决定参照规则表rule[]中要素的号码。例如，ca[i−1]、ca[i]以及ca[i+1]的值均为0时，上述计算结果的值为0。因此，参照rule[]表中的0号，便可得出下一时刻ca[i]的值。同样地，例如，ca[i−1]、ca[i]以及ca[i+1]的值分别为1,0,1时，上述计算结果的值为5，则rule[]中5号要素的值便是下一时刻ca[i]的值。由此，可通过下列算式求出下一时刻ca[i]的值。

```
rule[ca[i + 1] * 4 + ca[i] * 2 + ca[i - 1]]
```

在**列表4.1**，展示了基于上述方针制作的一维元胞自动机的模拟程序ca1.py。另，执行例可见于**执行例4.1**。

■列表4.1　一维元胞自动机的模拟：ca1.py程序

```
# -*- coding: utf-8 -*-
"""
ca1.py程序
元胞自动机（一维）计算程序
根据规则和初期状态计算时间发展情况
使用方法　c:\>python ca1.py
"""
# 引入模块
import sys  # 必须利用sys.exit()

# 常数
N = 65       # 元胞个数的最大数
R = 8        # 规则表的大小
MAXT = 50  # 重复次数
```

扫码看视频

```

# 分包函数的定义
# setrule()函数
def setrule(rule,ruleno):
    """规则表的初始化"""
    # 规则表的录入
    for i in range(0, R):
        rule[i] = ruleno % 2
        ruleno = ruleno // 2  # 左移
    # 输出规则
    for i in range(R - 1, -1, -1):
        print(rule[i])
# setrule()函数结束

# initca()函数
def initca(ca):
    """向元胞自动机读入初始值"""
    # 读入初始值
    line = input("请输入ca的初始值:")
    print()
    #向内部表达的变换
    for no in range(len(line)):
        ca[no] = int(line[no])
# initca()函数结束

# putca()函数
def putca(ca):
    """输出ca的状态"""
    for no in range(N - 1, -1, -1):
        print("{:1d}".format(ca[no]), end="")
    print()
# putca()函数结束

# nextt()函数
def nextt(ca,rule):
    """更新ca的状态"""
    nextca = [0 for i in range(N)]  # 下一代ca
    # 适用规则
    for i in range(1, N - 1):
```

```
            nextca[i] = rule[ca[i + 1] * 4 + ca[i] * 2 + ca[i - 1]]
    # 更新ca
    for i in range(N):
        ca[i] = nextca[i]
# nextt()函数结束

# 主执行部分
# 规则表的初始化
rule = [0 for i in range(R)]  # 规则表的制作
ruleno = int(input("请输入规则号:"))
print()
if ruleno < 0 or ruleno > 255:
        print("错误规则号(", ruleno, ")")
        sys.exit()
setrule(rule, ruleno)  # 设定规则表
# 向元胞自动机读入初始值
ca = [0 for i in range(N)]  # 元胞的排列
initca(ca)  # 读取初始值
putca(ca)   # 输出ca的状态
# 计算时间发展情况
for t in range(MAXT):
    nextt(ca, rule)  # 更新到下一时刻
    putca(ca)         # 输出ca的状态
# ca1.py结束
```

■执行例4.1　ca1.py程序的执行例（由于纸张大小的原因，输出结果的右侧部分省略掉5个0）

```
C:\Users\odaka\Documents\ch4>python ca1.py
请输入规则号:2


0
0
0
0
0
0
1
0
请输入ca的初始值:000000000000000000000000000000000000001
```

对于规则2，输出的结果与图4.8相同

```
000000000000000000000000000100000000000000000000000000000000
000000000000000000000000001000000000000000000000000000000000
000000000000000000000000010000000000000000000000000000000000
000000000000000000000000100000000000000000000000000000000000
000000000000000000000001000000000000000000000000000000000000
000000000000000000000010000000000000000000000000000000000000
000000000000000000000100000000000000000000000000000000000000
000000000000000000001000000000000000000000000000000000000000
```

（下面同样地持续输出）

```
C:\Users\odaka\Documents\ch4>python ca1.py
请输入规则号:30

0
0
0
1
1
1
1
0
请输入ca的初始值:0000000000000000000000000000000001
```

对于规则30，输出的结果与图4.9相同

```
000000000000000000000000000000010000000000000000000000000000
000000000000000000000000000000111000000000000000000000000000
000000000000000000000000000001100100000000000000000000000000
000000000000000000000000000011011110000000000000000000000000
000000000000000000000000000110010001000000000000000000000000
000000000000000000000000001101111011100000000000000000000000
000000000000000000000000011001000010010000000000000000000000
000000000000000000000000110111100111111000000000000000000000
000000000000000000000001100100011100000100000000000000000000
000000000000000000000011011110110010001110000000000000000000
000000000000000000000110010000101111011001000000000000000000
000000000000000000001101111001101000010111100000000000000000
000000000000000000011001000111001100110100010000000000000000
```

```
000000000000000000110111101100111011100110111000000000000000
000000000000000001100100001011100010011100100100000000000000
000000000000000011011110011010010111110011111110000000000000
（下面同样地持续输出）
```

如执行例4.1所示，ca1.py程序首先指定规则号，然后输入元胞自动机的初始状态。在执行例4.1中，分别计算了规则2和规则30对应的状态迁移情况。

简单说明一下ca1.py程序的内部构造。ca1.py程序除第62行开始的主执行部分之外，还有**表4.2**所示的4个分包函数组成的。

■表4.2　构成ca1.py程序的分包函数

名称	说明
setrule(rule, ruleno)	规则表的初始化
initca(ca)	读取初始值
putca(ca)	输出ca的状态
nextt(ca, rule)	更新到下一时刻

在第62行开始的主执行部分中，首先，运用setrule()函数，按照输入的规则号，对储存规则表的rule[]表格进行初始化（第68行）。其次，运用initca()函数，设定元胞自动机的初始状态（第71行）。然后，在第74行~76行的for语句处，严格按照常数MAXT规定的次数进行状态更新。实际作业会运用nextt()函数进行更新，每更新一次，putca()函数就会将元胞自动机的状态输出至标准输出文件。

接下来，介绍一下在主执行部分中引出的分包函数。首先，我们来看一下进行初始化规则的setrule()函数。

在setrule()函数内，通过第21行的for语句，基于规则号，在rule[]表格存储上0或1的值。在该for语句中，提取出将规则号看作二进制时的个位上的数值，重复录进rule[]里。最后，在setrule()函数内输出确认规则。

initca()函数开始于第30行，从标准输入文件读入ca[]的初始值。读取过程是汇总在第33行1行内进行的，之后，通过第36行的for语句，靠左录入ca[]的值。

nextt()函数用来描述元胞自动机状态的更新，开始于第49行。处理方法非常简单，在存储下一代元胞自动机世界的nextca[]表格内，按照刚刚讲到的方法存储下一时刻元胞的值。计算发生在第53行的for语句里，计算后，通过第56行的for语句，在ca[]上重新录入计算结果。

最后要介绍的putca()函数是从第41行开始的，用来输出元胞自动机的状态。

ca1.py程序的计算结果是以文本（文字）方式输出的。这样就很难清晰地表示出大量的输出结果。因此，我们来尝试运用Python的模块matplotlib，将其结果进行可视化。**列表4.2**展示了在ca1.py程序基础上添加输出图像功能的gca1.py程序。

■ 列表4.2　gca1.py程序

扫码看视频

```
# -*- coding: utf-8 -*-
"""
gca1.py程序
元胞自动机（一维）计算程序
根据规则和初期状态计算时间发展情况
绘出结果图
使用方法  c:\>python gca1.py
"""
# 引入模块
import sys  # sys.exit()必须利用
import numpy as np
import matplotlib.pyplot as plt

# 常数
N = 256      # 元胞个数的最大数
R = 8        # 规则表的大小
MAXT = 256   # 重复次数

# 分包函数的定义
# setrule()函数
def setrule(rule,ruleno):
    """规则表的初始化"""
    # 规则表的录入
    for i in range(0, R):
        rule[i] = ruleno % 2
        ruleno = ruleno // 2  # 左移
    # 输出规则
    for i in range(R - 1, -1, -1):
        print(rule[i])
# setrule()函数结束

# initca()函数
def initca(ca):
    """向元胞自动机读入初始值"""
```

```
    # 读入初始值
    line = input("请输入ca的初始值:")
    print()
    #向内部表达的变换
    for no in range(len(line)):
        ca[no] = int(line[no])
# initca()函数结束

# putca()函数
def putca(ca):
    """输出ca的状态"""
    for no in range(N - 1, -1, -1):
        print("{:1d}".format(ca[no]), end="")
    print()
# putca()函数结束

# nextt()函数
def nextt(ca,rule):
    """更新ca的状态"""
    nextca = [0 for i in range(N)]  # 下一代的ca
    # 适用规则
    for i in range(1, N - 1):
        nextca[i] = rule[ca[i + 1] * 4 + ca[i] * 2 + ca[i - 1]]
    # ca的更新
    for i in range(N):
        ca[i] = nextca[i]
# nextt()函数结束

# 主执行部分
outputdata = [[0 for i in range(N)] for j in range(MAXT + 1)]
# 规则表的初始化
rule = [0 for i in range(R)]  # 规则表的制作
ruleno = int(input("请输入规则号:"))
if ruleno < 0 or ruleno > 255:
        print("错误规则号(", ruleno, ")")
        sys.exit()
setrule(rule, ruleno)  # 设定规则表
# 向元胞自动机读入初始值
ca = [0 for i in range(N)]  # 元胞的排列
```

```
initca(ca)  # 读入初始值
putca(ca)   # 输出ca的状态
for i in range(N):
    outputdata[0][i] = ca[i]
# 计算时间发展情况
for t in range(MAXT):
    nextt(ca, rule)  # 更新到下一时刻
    putca(ca)        # 输出ca的状态
    for i in range(N):
        outputdata[t + 1][i] = ca[i]
# 输出图像
plt.imshow(outputdata)
plt.show()
# gca1.py结束
```

gca1.py程序的图像输出结果见**图4.10**。在图4.10中，设定元胞数为256，展示了按照规则18，计算到$t=256$为止的计算结果。

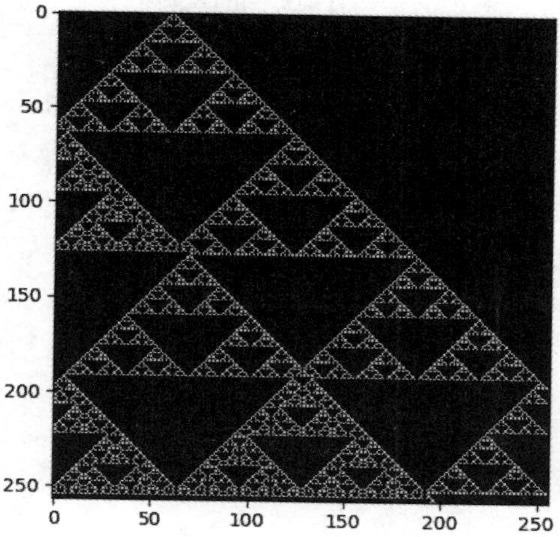
0
50
100
150
200
250
0
50
100
150
200
250

■图4.10 gca1.py程序的执行例（规则18）

4.2 生命游戏

本节将介绍一种二维元胞自动机，即生命游戏。生命游戏是一种可以模拟和解释生物群体并具有重大意义的元胞自动机。

4.2.1 生命游戏的定义

生命游戏（life game）是受以下规则约束的二维元胞自动机。其中，元胞有0或1这两种状态。

生命游戏的规则

①在时刻 t_k，元胞 c_{ij}周围8个元胞的状态总和 ${s_{ij}}^{tk}$ 等于3的话，元胞 c_{ij}在下一时刻 t_{k+1}的状态 ${a_{ij}}^{tk+1}$ 为1

②在时刻 t_k，元胞 c_{ij}周围8个元胞的状态总和 ${s_{ij}}^{tk}$ 等于2的话，元胞 c_{ij}在下一时刻 t_{k+1}的状态 ${a_{ij}}^{tk+1}$ 不发生变化（${a_{ij}}^{tk} = {a_{ij}}^{tk+1}$）

③上述情况之外，元胞 c_{ij}在下一时刻 t_{k+1}的状态 ${a_{ij}}^{tk+1}$ 为0

现举例说明上述规则。例如，在某时刻 t_k，如**图4.11**所示，假设元胞 c_{ij} 周围的8个格子中，共有3个元胞状态为1。这种情况下，依据上述规则①，元胞 c_{ij}在下一时刻 t_{k+1}的状态为1。规则1与元胞 c_{ij}在时刻 t_k的状态 ${a_{ij}}^{tk}$无关，是一直适用的。因此，若 ${a_{ij}}^{tk} = 0$ 时，元胞 c_{ij}在下一时刻的状态变为1。若本来 ${a_{ij}}^{tk} = 1$，则元胞在下一时刻的状态不发生变化。

如果将元胞状态为1，比作存活生物，那么，图4.11的例子便可解释为生物的诞生或繁衍。在这种解释中，可以认为规则①在模拟周围环境适宜情况下的生物增殖的现象。

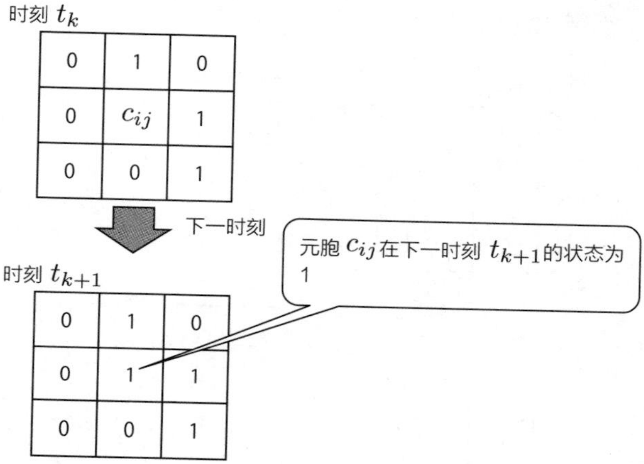
时刻 t_k
0 1 0
0 c_{ij} 1
0 0 1
下一时刻
元胞 c_{ij} 在下一时刻 t_{k+1} 的状态为 1
时刻 t_{k+1}
0 1 0
0 1 1
0 0 1

■图4.11 元胞周围共有3个状态1的元胞（诞生或繁衍）

接下来，在时刻 t_k，如**图4.12**所示，假设元胞 c_{ij} 的周围共有2个状态1的元胞。这种情况下，依据上述规则②，元胞 c_{ij} 在下一时刻 t_{k+1} 的状态不发生变化。

（1）若 ${a_{ij}}^{tk} = 1$ 时（繁衍）

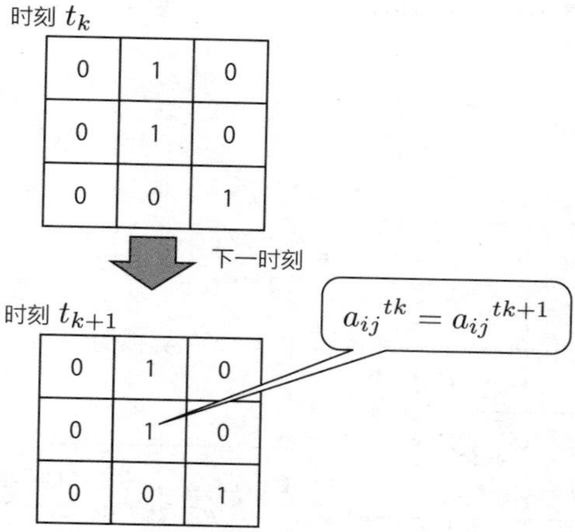
时刻 t_k
0 1 0
0 1 0
0 0 1
下一时刻
时刻 t_{k+1}
${a_{ij}}^{tk} = {a_{ij}}^{tk+1}$
0 1 0
0 1 0
0 0 1

■图4.12 元胞周围共有2个状态1的元胞（繁衍）

（2）若 ${a_{ij}}^{tk}=0$ 时（无变化）

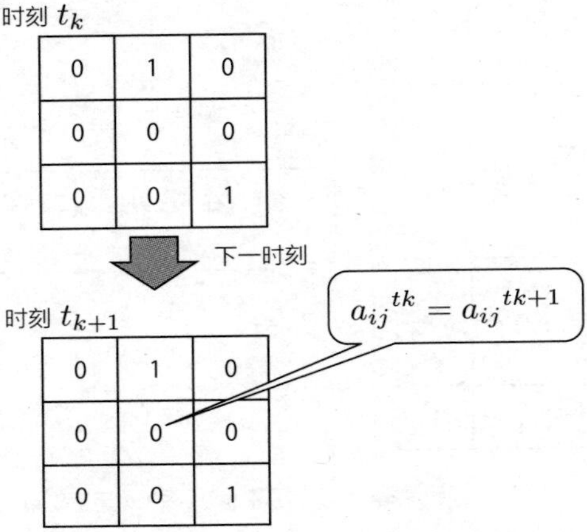
时刻 t_k
0 1 0
0 0 0
0 0 1
下一时刻
时刻 t_{k+1}
${a_{ij}}^{tk}={a_{ij}}^{tk+1}$
0 1 0
0 0 0
0 0 1

■图4.12　元胞周围共有2个状态1的元胞（繁衍）（续）

对图4.12进行解释时，可以认为规则②在模拟周围环境适宜情况下的生物繁衍的现象。

对于图4.11及图4.12之外的情况，随着时间的推进，元胞的状态变成0。如**图4.13**所示的例子。

（1）过密的情况

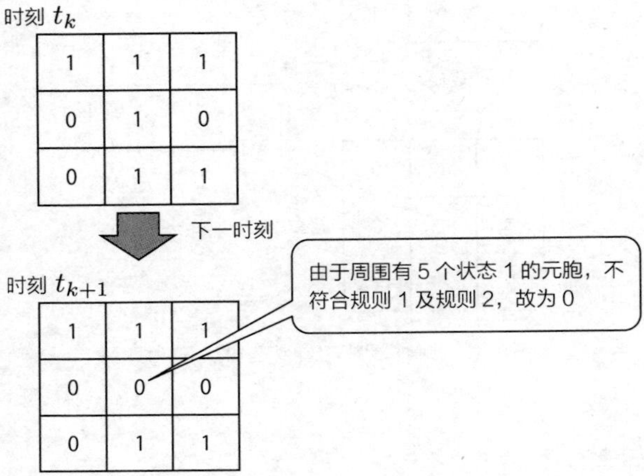
时刻 t_k
1 1 1
0 1 0
0 1 1
下一时刻
时刻 t_{k+1}
由于周围有 5 个状态 1 的元胞，不符合规则 1 及规则 2，故为 0
1 1 1
0 0 0
0 1 1

■图4.13　与规则1及规则2均不符的情况（元胞状态为0）

（2）过疏的情况

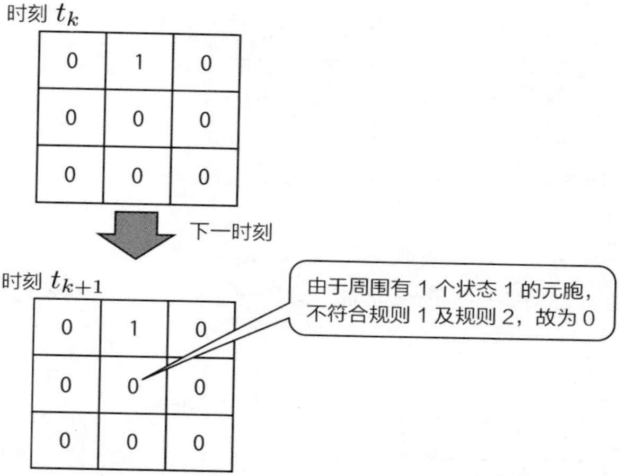
时刻 t_k
0 1 0
0 0 0
0 0 0
下一时刻
时刻 t_{k+1}
0 1 0
0 0 0
0 0 0
由于周围有 1 个状态 1 的元胞，
不符合规则 1 及规则 2，故为 0

■图4.13　与规则1及规则2均不符的情况（元胞状态为0）（续）

基于上述规则，来研究元胞的状态是从某初始位置如何变化的。例如，在**图4.14**的初始设置下，重复循环情况（1）和（2）的状态，呈振动状态。在图4.14中，只展示了状态1的情况。

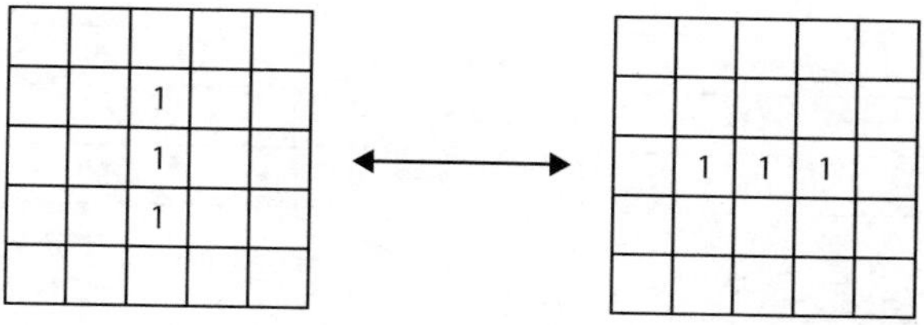
1
1
1
1 1 1

■图4.14　生命游戏的状态迁移（1）横列和竖列反复循环

在**图4.15**的初始状态下，尽管时间在推进，分布也不发生变化。若将图4.15解释为生物群体现象的话，可以称之为稳定的生存状态。

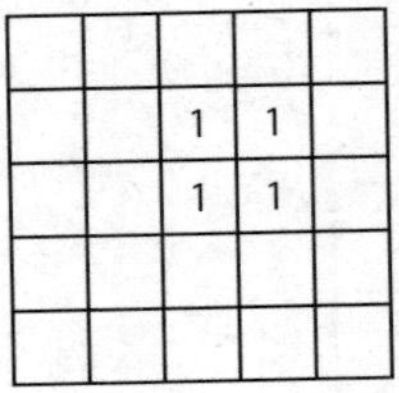

■图4.15　生命游戏的状态迁移（2）尽管时间在推移，分布不变

在**图4.16**的分布中，随着时间变化，图像也一起移动。从时刻t_k开始，在4个刻度之后的t_{k+4}时，同一图像向右下方移动了1格。在生物模拟及其解释中，可以看作生物群体的移动。

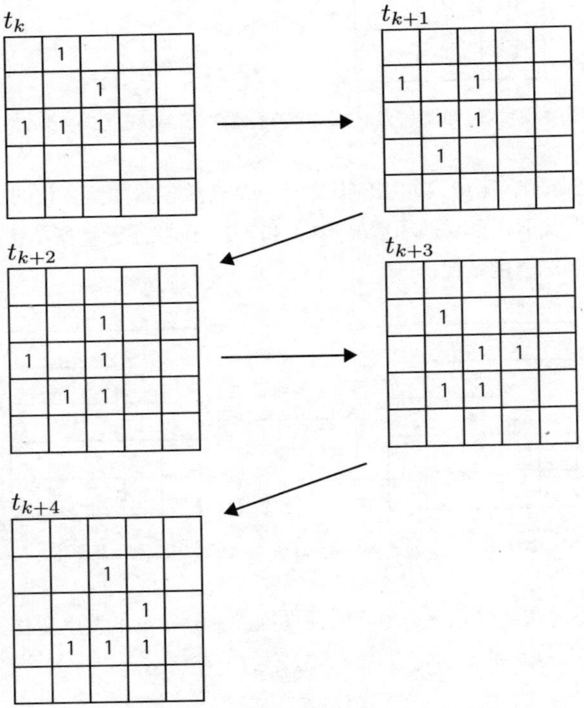
t_k
t_{k+1}
t_{k+2}
t_{k+3}
t_{k+4}

■图4.16　生命游戏的状态迁移（3）图像随着时间一起移动

一般图4.16的分布被称作**滑翔机**。滑翔机保持初始分布不变，每隔4个刻度向右下方移动1格。

4.2.2 生命游戏的程序

研究一下模拟生命游戏的程序life.py的构成方法。基本上，通过对前文介绍的一维元胞自动机的程序ca1.py进行扩展，便可制作出生命游戏的模拟装置。

life.py程序与ca1.py程序有所不同，life.py程序无需指定规则。因此，life.py程序只输入初始状态的分布即可。

图4.17中展示了life.py程序的基本构成。图4.17列出了life.py程序所包含的函数的传唤关系，并在**表4.3**中对这些函数进行了说明。

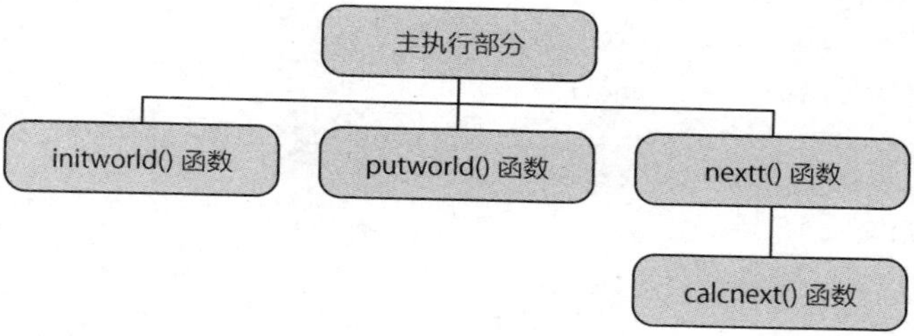

主执行部分
initworld() 函数
putworld() 函数
nextt() 函数
calcnext() 函数

■ 图4.17　life.py程序中包含的函数的传唤关系

■ 表4.3　构成life.py程序的分包函数

名称	说明
initworld(world)	读取初始值
putworld(world])	输出world[][]的状态
nextt(world)	更新到下一时刻
calcnext(world, i, j)	更新1个元胞的状态

在上述基础上制作的life.py程序见于**列表4.3**，执行例见于**执行例4.2**。

■ 列表4.3　生命游戏模拟装置：life.py程序

```
# -*- coding: utf-8 -*-
"""
life.py程序
生命游戏计算程序
一种二维元胞自动机的生命游戏程序
使用方法 c:\>python glife.py < (初始状态文件名)
在初始状态文件中记录初始分布
"""
# 引入模块
import sys  # 必须利用readlines ()
```

```

# 常数
N = 50       # 生命游戏世界的大小
MAXT = 100  # 重复次数

# 分包函数的定义
# putworld()函数
def putworld(world):
    """输出world的状态"""
    # 更新world
    for i in range(N):
        for j in range(N):
            print("{:1d}".format(world[i][j]), end="")
        print()
# putworld()函数结束

# initworld()函数
def initworld(world):
    """读取初始值"""
    chrworld = sys.stdin.readlines()
    # 向内部表达的变换
    for no, line in enumerate(chrworld):
        line = line.rstrip()
        for i in range(len(line)):
            world[no][i] = int(line[i])
# initworld()函数结束

# nextt()函数
def nextt(world):
    """更新world的状态"""
    nextworld = [[0 for i in range(N)] for j in range(N)]  # 下一代
    # 适用规则
    for i in range(1, N - 1):
        for j in range(1, N - 1):
            nextworld[i][j] = calcnext(world, i, j)
    # 更新world
    for i in range(N):
        for j in range(N):
            world[i][j] = nextworld[i][j]
```

```
# nextt()函数结束

# calcnext()函数
def calcnext(world, i, j):
    """更新1个元胞的状态"""
    no_of_one = 0  # 周围存在状态1的元胞数
    # 计数状态1的元胞
    for x in range(i - 1, i + 2):
        for y in range(j - 1, j + 2):
            no_of_one += world[x][y]
    no_of_one -= world[i][j]  # 不含自身数
    # 状态的更新
    if no_of_one == 3:
        return 1               # 诞生
    elif no_of_one == 2:
        return world[i][j]  # 繁衍
    return 0  # 上述情况之外
# calcnext()函数结束

# 主执行部分
world = [[0 for i in range(N)] for j in range(N)]
# 读入world[][]的初始值
initworld(world)
print("t=0")      # 输出初始时刻
putworld(world)  # 输出 world的状态

# 计算时间发展情况
for t in range(1,MAXT):
    nextt(world)      # 更新到下一时刻
    print("t=", t)   # 输出时刻
    putworld(world)  # 输出world的状态
# life.py结束
```

■执行例4.2 life.py程序的执行例

```
C:\Users\odaka\Documents\ch4>python life.py < initlife.txt
t=0
00000000000000000000000000000000000000000000000000
00000000000000000000000000000000000000000000000000
（中间省略）
```

```
00000000000000000000000000000000000000000000000000
00000000000000000000000000000001110000000000000000
00000000000000000000000000000001010000000000000000
00000000000000000000000000000001010000000000000000
00000000000000000000000000000000000000000000000000
00000000000000000000000000000000000000000000000000
00000000000000000000000000000000000000000000000000
00000000000000000000000000000000000000000000000000
t= 1
00000000000000000000000000000000000000000000000000


00000000000000000000000000000000000000000000000000
00000000000000000000000000000000000000000000000000
（中间省略）
00000000000000000000000000000000000000000000000000
00000000000000000000000000000000000000000000000000
00000000000000000000000000000000000000000000000000
00000000000000000000000000000000100000000000000000
00000000000000000000000000000001010000000000000000
00000000000000000000000000000011011000000000000000
00000000000000000000000000000000000000000000000000
（下面以行列形式输出各个时刻的计算结果）
```

“1”表示生物的分布

分布随着时间的推进而变化

life.py程序的构成与前文介绍的ca1.py程序极其相似。在第70行开始的主执行部分，使用initworld()函数读入初始状态，并作为时刻0的状态，运用putworld()函数输出。然后，通过第77~80行的for语句，传唤出nextt()函数，进而以此来计算时间发展的状况。

除去world[][]表格最外侧的元胞，nextt()函数对于剩余全部的元胞，通过适用生命游戏的规则，计算下一时刻的状态。在适用规则的过程，作为分包函数使用了calanext()函数。

calanext()函数通过第57行~60行的处理，对周围状态1的元胞进行计数，基于这一数值，在62行~66行，返回下一时刻的元胞状态。

putworld()函数可以输出world[][]中的内容。此外，initworld()函数从标准输入文件读取初始状态的生物分布。life.py程序接收的初始值的形式如**执行例4.3**所示。

■执行例4.3 life.py程序接收的初始值的记述形式

```
C:\Users\odaka\Documents\ch4>type initlife.txt
0
0
0
 (中间省略)
0
0000000000000000000000000000000111
0000000000000000000000000000000101
0000000000000000000000000000000101
```

“1”表示生物的分布

life.py程序是一种基于文本输入和输出的基本程序，结果往往不易观看。为了模拟更多领域，图形显示众所期待。因此，在**列表4.4**，展示了如**图4.18**所示的图形表示程序glife.py。

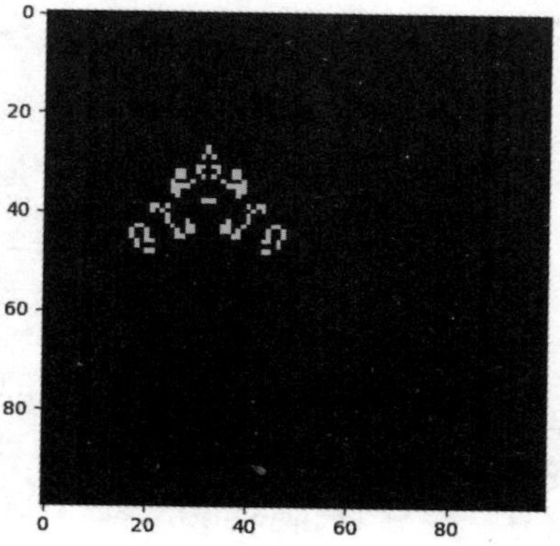

0
20
40
60
80
0
20
40
60
80

■图4.18 glife.py程序的执行例

■列表4.4 glife.py程序

```
# -*- coding: utf-8 -*-
"""
glife.py程序
生命游戏计算程序
一种二维元胞自动机的生命游戏程序
绘出结果图
使用方法 c:\>python glife.py < (初始状态文件名)
在初始状态文件中记录初始分布
```

```
"""
# 引入模块
import sys  # 必须利用readlines()
import numpy as np
import matplotlib.pyplot as plt

# 常数
N = 100      # 生命游戏世界的大小
MAXT = 200  # 重复次数

#分包函数的定义
# initworld()函数
def initworld(world):
    """读取初始值"""
    chrworld = sys.stdin.readlines()
    # 向内部表达的变换
    for no, line in enumerate(chrworld):
        line = line.rstrip()
        print(line)
        for i in range(len(line)):
            world[no][i] = int(line[i])
# initworld()函数结束

# nextt()函数
def nextt(world):
    """更新world的状态"""
    nextworld = [[0 for i in range(N)] for j in range(N)]  # 下一代
    # 适用规则
    for i in range(1, N - 1):
        for j in range(1, N - 1):
            nextworld[i][j] = calcnext(world, i, j)
    # 更新world
    for i in range(N):
        for j in range(N):
            world[i][j] = nextworld[i][j]
# nextt()函数结束

# calcnext()函数
def calcnext(world, i, j):
```

```
    """更新1个元胞的状态"""
    no_of_one = 0  # 周围存在状态1的元胞数
    # 计数状态1的元胞
    for x in range(i - 1, i + 2):
        for y in range(j - 1, j + 2):
            no_of_one += world[x][y]
    no_of_one -= world[i][j]  # 不含自身数
    # 状态的更新
    if no_of_one == 3:
        return 1               # 诞生
    elif no_of_one == 2:
        return world[i][j]  # 繁衍
    return 0  # 上述情况之外
# calcnext()函数结束

# 主执行部分
world = [[0 for i in range(N)] for j in range(N)]
# 读入world[][]的初始值
initworld(world)
print("t=0")    # 输出初始时刻

# 输出图像
w = plt.imshow(world, interpolation="nearest")

plt.pause(0.01)

# 计算时间发展情况
for t in range(1, MAXT):
    nextt(world)          # 更新到下一时刻
    print("t=", t)       # 输出时刻
    # print(world)       # 输出world的状态
    # 输出图像
    w.set_data(world)  # 更新绘图数据

    plt.pause(0.01)
plt.show()
# glife.py结束
```

4.3 交通流模拟

4.3.1 基于一维元胞自动机的交通流模拟

本章最后将介绍使用元胞自动机的交通流的模拟。这里所说的交通流是指道路上行驶的多辆汽车在整体上形成的车流。通过交通流模拟，可以对交通堵塞的构造进行解析等。在本章，将考虑使用元胞自动机来描述交通流的方法。

现假设如**图4.19**所示，有一条单向通行的路线。这里假设初始状态中左侧停有3辆汽车（图（1））。最右侧的汽车 V_1 由于前方一览无余，故可直接启动汽车。但，第二和第三辆汽车 V_2 和 V_3 车由于前方有车，故无法活动（图（2））。第二辆汽车 V_2 可以活动的提前是 V_1 先向前驶去，且 V_1 和 V_2 间出现车距。V_2 一动的话，接着 V_3 便也可以移动了（图（3））。

（1）在初始状态中汽车v1~v3停在左侧

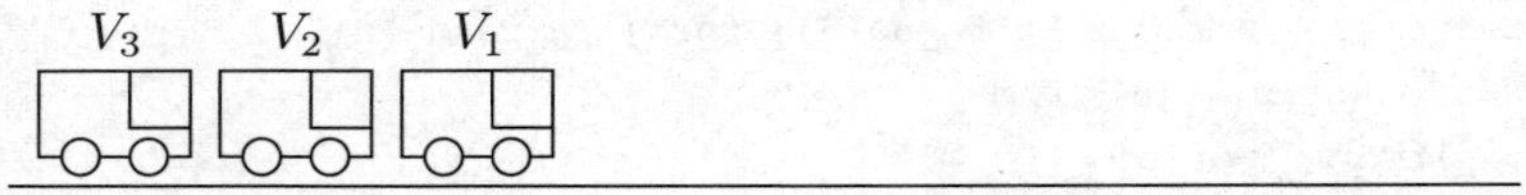
V_3
V_2
V_1

（2）V_1 可以启动，但 V_2 和 V_3 由于前方有车无法启动

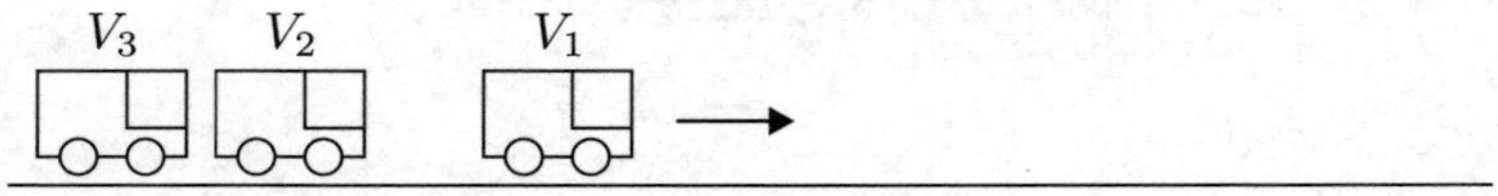
V_3
V_2
V_1

（3）过一阵后，由于产生了车距，V_2 和 V_3 也可以启动

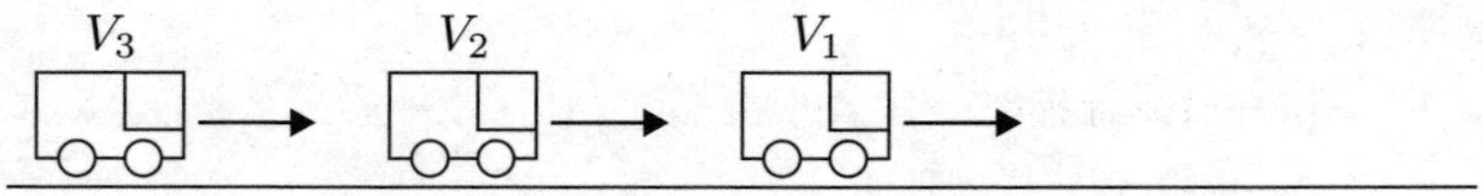
V_3
V_2
V_1

■图4.19　三辆汽车在单向道路上向右行驶的交通流

现考虑将图4.19所示的交通流进行抽象化，运用一维元胞自动机来描述它。假设一维元胞自动机的每个元胞只能存放一辆汽车。元胞状态1表示有汽车存在，状态0表示无汽车存在。若汽车在元胞自动机中自左向右前进，状态迁移的规则大致如下：

- **元胞 c_i 有汽车，且元胞 c_i 右侧的元胞 c_{i+1} 状态为0时，元胞 c_i 所在的汽车，在下一时刻可以向右运动（必须向右）。**
- **元胞 c_i 无汽车，且元胞 c_i 左侧的元胞 c_{i-1} 有汽车时，元胞 c_i 的状态在下一时刻变为1。**

将上述内容转写成一维元胞自动机的规则形式后，可以得出**表4.4**所示的规则184。

■表4.4　规则184（交通流模拟的规则）

$a_{i-1}{}^{tk}, a_i{}^{tk}, a_{i+1}{}^{tk}$	111	110	101	100	011	010	001	000
$a_i{}^{tk+1}$	1	0	1	1	1	0	0	0

接下来，基于遵循上述设定的规则184制作模拟程序。在该模拟程序中，汽车在自左向右的单向道路上，随着时间的推进不断前进。汽车从左侧流入，右侧流出。汽车的初始状态和流量必须可以作为模拟的初始条件进行设定。在**图4.20**中，展示了上述交通流模拟的设定。

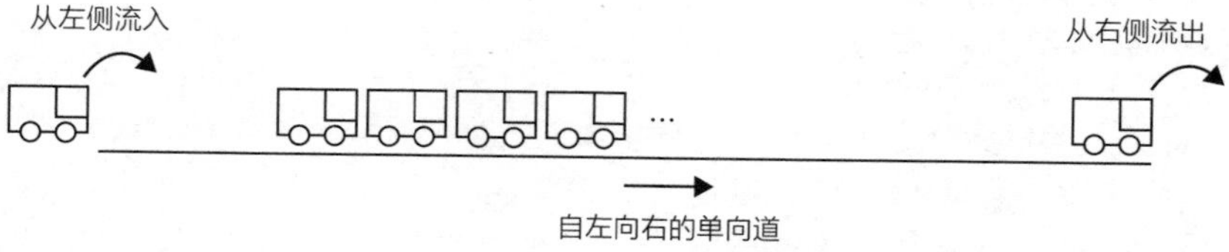
从左侧流入
从右侧流出
…
自左向右的单向道

■图4.20　交通流模拟的设定

4.3.2　交通流模拟的程序

以下要制作的交通流模拟程序traffic.py，基本上与前文介绍的一维元胞自动机的模拟程序ca1.py的处理一样。不同之处有两点：一是规则被固定在规则184，二是从元胞自动机左侧会有汽车流入。因此，主要以这些点为中心改写ca1.py程序。

改写工作主要集中在主执行部分。无需设定规则号，取而代之的是要设定流入率。流入率需按整数设定，即指定每隔几个刻度流入一辆车。因此，指定数值越大，单位时间的流入量越小。

在主处理部分中，在每个时刻的状态更新之前，还要进行汽车流入处理。此外，结合交通流模拟的宗旨，会改动一些输出形式等。

按照以上方针制作的traffic.py程序见于**列表4.5**。另，执行例见于**执行例4.4**。

■ 列表4.5　交通流模拟：traffic.py程序

扫码看视频

```
# -*- coding: utf-8 -*-
"""
traffic.py程序
基于元胞自动机的交通流模拟
根据规则和初始状态计算时间发展情况
使用方法　c:\>python traffic.py < (初始状态文件名)
"""
# 引入模块
import sys  # 必须利用sys.exit ()

# 常数
N = 50      # 元胞个数的最大数
R = 8       # 规则表的大小
MAXT = 50   # 重复次数
RULE = 184  # 规则号（固定为184）

# 分包函数的定义
# setrule()函数
def setrule(rule, ruleno):
    """规则表的初始化"""
    # 规则表的录入
    for i in range(0, R):
        rule[i] = ruleno % 2
        ruleno = ruleno // 2  # 左移
# setrule()函数结束

# initca()函数
def initca(ca):
    """向元胞自动机读入初始值"""
    # 读取初始值
    line = input("请输入ca的初始值:")
    print()
    # 向内部表达的变换
    for no in range(len(line)):
        ca[N - 1 - no] = int(line[no])
# initca()函数结束
```

```

# putca()函数
def putca(ca):
    """输出ca的状态"""
    for no in range(N - 1, -1, -1):
        if ca[no] == 1:
            outputstr = "-"
        else:
            outputstr = " "
        print("{:1s}".format(outputstr), end="")
    print()
# putca()函数结束

# nextt()函数
def nextt(ca, rule):
    """更新ca的状态"""
    nextca = [0 for i in range(N)]  # 下一代ca
    # 适用规则
    for i in range(1, N - 1):
        nextca[i] = rule[ca[i + 1] * 4 + ca[i] * 2 + ca[i - 1]]
    # 更新ca
    for i in range(N):
        ca[i] = nextca[i]
# nextt()函数结束

# 主执行部分
# 流入率的初始化
flowrate = int(input("请输入流入率:"))
print()
if flowrate <= 0:
        print("错误流入率(", flowrate, ")")
        sys.exit()
# 规则表的初始化
rule = [0 for i in range(R)]  # 制作规则表
setrule(rule, RULE)           # 设定规则表
# 向元胞自动机读入的初始值
ca = [0 for i in range(N)]    # 元胞的排列
initca(ca)                    # 读入初始值

```

```
# 计算时间发展情况
for t in range(1, MAXT):
    nextt(ca, rule)     # 更新到下一时刻
    if (t % flowrate) == 0:
        ca[N - 2] = 1  # 流入汽车
    print("t=", t, "\t", end="")
    putca(ca)             # 输出ca的状态
# traffic.py结束
```

在执行例4.4中，元胞自动机的中间位置记录了汽车的列队。图中用“-”表示汽车。

■执行例4.4 traffic.py程序的执行例

（1）无汽车流入，交通堵塞得以解决

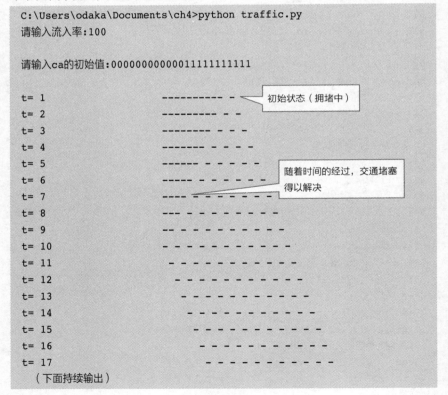

```
C:\Users\odaka\Documents\ch4>python traffic.py
请输入流入率:100

请输入ca的初始值:0000000000001111111111

t= 1                    ---------- -            初始状态（拥堵中）
t= 2                    --------- - -
t= 3                    -------- - - -
t= 4                    ------- - - - -
t= 5                    ------ - - - - -
t= 6                    ----- - - - - - -       随着时间的经过，交通堵塞
t= 7                    ---- - - - - - - -      得以解决
t= 8                    --- - - - - - - - -
t= 9                    -- - - - - - - - - -
t= 10                   - - - - - - - - - - -
t= 11                    - - - - - - - - - - -
t= 12                     - - - - - - - - - - -
t= 13                      - - - - - - - - - - -
t= 14                       - - - - - - - - - - -
t= 15                        - - - - - - - - - - -
t= 16                         - - - - - - - - - - -
t= 17                          - - - - - - - - - - -
  （下面持续输出）
```

（2）汽车流入过多，交通堵塞范围左移

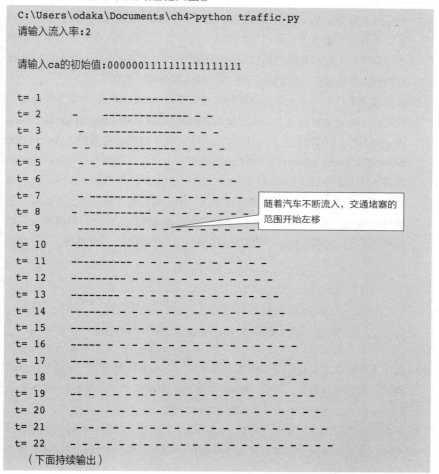

```
C:\Users\odaka\Documents\ch4>python traffic.py
请输入流入率:2

请输入ca的初始值:000000111111111111111

t= 1          --------------- -
t= 2     -    -------------- - -
t= 3      -   ------------- - - -
t= 4     - -  ------------ - - - -
t= 5      - - ----------- - - - - -
t= 6     - - ----------- - - - - - -
t= 7      - ----------- - - - - - - -
t= 8     - ----------- - - - - - - - -
t= 9      ----------- - - - - - - - - -
t= 10    ----------- - - - - - - - - - -
t= 11    ---------- - - - - - - - - - - -
t= 12    --------- - - - - - - - - - - - -
t= 13    -------- - - - - - - - - - - - - -
t= 14    ------- - - - - - - - - - - - - - -
t= 15    ------ - - - - - - - - - - - - - - -
t= 16    ----- - - - - - - - - - - - - - - - -
t= 17    ---- - - - - - - - - - - - - - - - - -
t= 18    --- - - - - - - - - - - - - - - - - - -
t= 19    -- - - - - - - - - - - - - - - - - - - -
t= 20    - - - - - - - - - - - - - - - - - - - - -
t= 21     - - - - - - - - - - - - - - - - - - - - -
t= 22    - - - - - - - - - - - - - - - - - - - - - -
  （下面持续输出）
```

随着汽车不断流入，交通堵塞的范围开始左移

执行例4.4（1）中，通过指定流入率100，使得每隔100个刻度流入一辆车。在这种设定下，在例子中所示时刻$t = 9$的范围内，完全没有流入一辆车。该例模拟了在初始状态中设定的交通堵塞，随着时间的流动得以解除的状况。

执行例4.4（2）中，流入率的设定为2，汽车从左侧不断流入。到时刻$t = 10$时，堵塞的长度有所缩短，但在那之后，堵塞并未解除，并将堵塞范围向左移动。

章末问题

（1）本章主要介绍了基于相邻元胞间的相互作用产生时间变化的元胞自动机。但是，还可以考虑基于其他相互作用的元胞自动机。例如，在一维元胞自动机中可以考虑不仅与相邻两侧元胞，还可扩展到与相邻元胞前一个元胞间相互作用的元胞自动机。请尝试作出模拟上述元胞自动机的程序。

（2）由于边界条件不同，元胞自动机的模拟结果也会大有不同。本章主要介绍了假设元胞自动机世界之外一直是0状态的**固定边界条件（fixed boundary condition）**的模拟。与之相对，还可以设定**周期边界条件（periodic boundary condition）**。周期边界条件指假设某一边界与另一边界相连的边界条件。拿一维元胞自动机举例来说，边界左侧连着右侧，一维元胞的排列形成一个圆环。在周期边界条件下，二维元胞自动机边界的上下左右也同样彼此相接。通过改变本书中介绍的固定边界条件的程序，可以简单地实现周期边界条件的模拟程序。请尝试制作程序，观察模拟的变化情况。

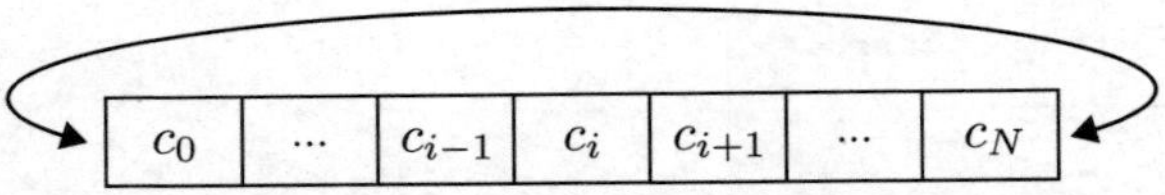
c_0
…
c_{i-1}
c_i
c_{i+1}
…
c_N

■图4.21　基于周期边界条件的一维元胞自动机（c0与cn邻接）

（3）关于生命游戏中生物的分布模型有许多研究。本书只展示了一小部分的分布模型。它们还有名字，例如，图4.16的模型一般被称作“滑翔机”。至于其他的分布模型，请参考本书末尾的参考文献[5]等，进行调查和模拟。

（4）本章介绍的交通流模拟有多种扩展的可能性。比如，添加左右转弯，还可以安装信号器。此外，还可以扩展为像glife.py程序一样的实时状态描述。请尝试这些扩展功能。

第5章

利用随机数的概率模拟

本章在论述完计算机模拟中使用的随机数之后，还将介绍运用随机数的数值计算，以及基于随机数的模拟。

5.1 伪随机数

5.1.1 随机数与伪随机数

到目前为止，本书所提到的模拟实验中，当初始状态确定后，其模拟结果均是唯一的。例如，在第2章中提到的带电粒子的运动模拟实验，一旦粒子和磁场的初始状态决定后，粒子的运动无论计算多少遍，结果都是一定的。在第3章中提到了拉普拉斯方程的边界值问题，一旦边界值确定，计算结果也是不变的。在第4章介绍了元胞自动机的模拟实验，其结果也同样由初始状态而定。

但是，在现实生活中，即使设定同一条件进行实验，出现不同结果的情况也不胜枚举。用第2章中运动模拟的例子来讲，在现实世界里，即使按照同样的设定值发射物体，也会因各种原因，无法保证描绘出同一轨迹。不仅如此，甚至同一粒子的运动，有时也会看到与第2章中带电粒子完全不同的、无规则的随机运动。例如，浮游在液体中的微粒子所做的布朗运动，其轨迹就是极不规则的。

另外，有时为了进行更加真实的模拟实验，在计算过程中需要无规律性。例如，在第4章中汽车拥堵的模拟实验，虽然对现实拥堵的某些特征做了抽象化处理，但模拟结果还是有些许不自然的地方。其原因之一就是因为在第4章的traffic.py程序中，汽车的流入是有规律的。而在现实世界里，首先，汽车是不可能以一定的时间间隔流入的。因此，如果不能让汽车按照无规律的时间间隔流入的话，模拟结果就会不自然。

综上所述，有时模拟实验需要无规律性。在模拟实验中，引入无规律性的方法之一便是使用**随机数（random number）**。

随机数指随机排列的数列里的每一个元素。这样解释还会产生一个问题，即随机排列是什么意思呢？这虽决定于随机数的用途，但这里指：排列方法无规律，与前后无关联，无法预知下个数值的排列。

使用随机数就可以将上述无规律性导入模拟中。例如，在运动模拟中加入几个随机要素，即使初始设定一样，也可以微妙地出现不同的运动。另外，在交通流模拟中，运用随机数控制汽车流入的时间点，可以模拟现实交通中出现的交通流的无规律性。

那么，如何设置随机数呢？如果真的想得到随机数列的话，必须使用诸如来自量子论波动的随机性本质的物理现象。基于随机物理现象的随机数称为**物理随机数（physical random numbers）**。

虽然有生成物理随机数的电子装置，以及记录物理随机数的数据装置，但在电脑模拟中几乎不会使用。这是因为准备特殊的装置或数据极其繁琐。

在模拟中经常使用一种叫做**伪随机数（pseudo random number）**的随机数。伪随机数是指经过计算得出的，看起来像随机数的数列。因此，只要了解其算法，就能很容易地预测伪随机数的值。故而本质上伪随机数并不是随机数。但是，在进行模拟计算时，在能够实现模拟目的的前提下，只要数据是随机排列，可以将伪随机数看成随机数。因此，在下文会直接将伪随机数称作随机数。

下面将要在讨论随机数生成算法的基础上，介绍利用随机数的数值计算的算法。对于前者，程序的制作只运用Python的基本功能，后者则需运用Python具备的随机数模块。

5.1.2 随机数的生成算法

本章节讨论的是只运用Python的基本功能生成随机数的方法。生成随机数的算法有很多种，其中，有一种自古以来便被广泛使用的简便算法，被称作**线性同余法（linear congruential generator）**的算法。基于线性同余法的随机数生成程序的制作非常简单。另外，由于很久前就一直在使用，因此，对其随机数生成算法的问题点也较为熟悉。下文以线性同余法为例，就随机数生成算法要求的性质进行讨论。

在C语言等很久前便在使用的编程语言的随机数生成函数中，线性同余法作为生成的基础算法被广泛使用。不过，在数值计算和模拟中使用的话，如下文所述，线性同余法会出现很大的问题。因此，在Python的随机数生成模块中，并没有使用线性同余法。关于Python的随机数生成模块，后文将会介绍。

线性同余法的算法非常简单。在随机数序列 $R_1, R_2, \cdots R_i, R_{i+1}, \cdots$ ，依据下列算式（1）便可依次计算出下一个数值。

$$R_{i+1} = (aR_i + c)\%m \tag{1}$$

其中，a, c, m 为正整数，%为模数算子（余数算子）

在算式（1）中，通常 m 依存取决于 R_i 的位。例如，R_i 是32位的整数时，m就可以表示为 2^{32} 。m 越小，随机数的周期就越短，就越容易出现同一序列，故而，m的取值越大越有利。

算式（1）中a和c对随机数的性质影响很大。选择适当的话，可以得到周期长，较为随机的随机数序列。反之，若选择不当，就会失去随机数的性质。在本书末尾的参考文献[3]中所展示的例子中，在m为2^{32}时，a和c的值如下：

$$a = 1664525$$
$$c = 1013904223$$

运用以上数值，基于线性同余法生成随机数序列的程序r.py可见于**列表5.1**，执行例见**执行例5.1**。

■ 列表5.1　基于线性同余法生成随机数序列：r.py程序

扫码看视频

```
# -*- coding: utf-8 -*-
"""
r.py程序
生成伪随机数程序
基于线性同余法生成伪随机数程序
使用方法  c:\>python r.py
"""
# 常数
LIMIT = 50  # 生成随机数的个数

# 主执行部分
# 输入初始值
r = int(input("输入初始值:"))
# 生成随机数
for i in range(LIMIT):
    r = (1664525 * r + 1013904223) % (2 ** 32)
    print(r)
# r.py结束
```

■ 执行例5.1　r.py程序的执行例

```
C:\Users\odaka\Documents\ch5>python r.py
输入初始值:7
1025555898
3923423697
2630631676
```

```
3981355051
211918734
3675562389
1550419440
228089999
295425186
4225977241
 （下面持续输出）
```

观察执行例5.1的执行结果后，发现看似依次输出一些较为随机的随机数。但实际上，这些数值不是随机数，而潜藏着一定的规律。

事实上，执行例5.1输出的数值奇偶数互相交叉排列。运用二进制对输出的数值进行解释的话，奇偶数交叉排列是因为二进制中最末位数0和1交叉重复出现。这是线性同余法的一个缺点。一般地，线性同余法有一个特征：不仅在末位，后一位数均比前一位数循环的周期短，缺乏随机性。

考虑到这一特征，我们应该避免选取基于线性同余法的随机数的特定的比特位置，来作为随机数使用。尤其不要选取循环周期短的靠后位的数。

例如，打算生成一个由0到7这8个数字组成的随机数序列，若编成下面程序的话，输出结果完全不是随机数序列。因为该程序代码使用模数算子，提取了用二进制表示r时的后3位数。

```
# 生成随机数
for i in range(LIMIT):
    r = (1664525 * r + 1013904223) % (2 ** 32)
    print(r % 8)  # 运用模8（%8）取出后三位
```

设初始值r=0，执行该程序后，输出结果如下所示，循环周期极短。

```
7 2 1 4 3 6 5 0 7 2 1 4 3 6 5 0 7 2 1 4 3 6 5 0 7 2 1 4 3 6 5 0 7 2 …
循环7 2 1 4 3 6 5 0
```

此外，线性同余法还有一个缺点，即某数值后边的数值是固定的。这一点在算式（1）中很明显。因此，比如，在平面坐标 (x, y) 内分配连续2个随机数时，x值对应的 y的值有且只有一个。另外，线性同余法生成的随机数序列中，无论观察多长的序列，都不会出现同一个数字相邻排列的现象。这一特征作为随机数是不自然的。

线性同余法等主要的随机数生成算法生成的是随机数值分布均匀的**均匀随机数（uniform random numbers）**。除此之外，随机数中还有服从正态分布的**正态随机数（normal random numbers）**等，还有非均匀分布的随机数。下面主要介绍均匀随机数。

5.1.3　Python随机数生成模块

Python里具备生成随机数的模块random模块。random模块运用了被称为**梅森旋转算法（mersenne twister）**的随机数生成算法，大大改善了线性同余法中出现的缺点。在**列表5.2**中展示了random模块使用的randomex.py程序。

■ 列表5.2　randomex.py程序

```
# -*- coding: utf-8 -*-
"""
randomex.py程序
random模块的使用例
使用方法  c:\>python randomex.py
"""
# 引入模块
import random

# 主执行部分
# 输入SEED
seed = float(input("请输入SEED:"))
# 随机数的初始化
random.seed(seed)
# 输出随机数
for i in range(20):
    print(random.random())
# randomex.py结束
```

扫码看视频

执行例5.2展示了randomex.py程序的执行例。如例中显示的一样，random()随机返回[0,1]区间的浮点数。下面将使用random模块描述随机数的运用程序。

■执行例5.2 randomex.py程序的执行例

```
C:\Users\odaka\Documents\ch5>python randomex.py
请输入SEED:7
0.32383276483316237
0.15084917392450192
0.6509344730398537
0.07243628666754276
0.5358820043066892
0.36568891691258554
0.057998924774706806
0.5074357331894203
（下面持续输出）
```

5.2 随机数与数值计算

作为随机数应用的计算方法，本节将介绍基于随机数的数值积分，以及使用随机数的最优化方法。

5.2.1 数值积分和随机数

在介绍基于随机数的数值积分之前，首先介绍一下数值积分的概念。

函数 $f(x)$ **数值积分（numerical integration）**是指给出函数上的点 $f(x)$ $x_0, x_1, \cdots, x_n$ 时，利用 $f(x_0), f(x_1), \cdots, f(x_n)$ 的值，计算函数 $f(x)$ 的积分值 $\int_{x_0}^{x_n} f(x)dx$ 的数值的运算。

自古以来就开始研究数值积分的计算方法，并且有很多公式。其中，**梯形公式（trapezoid rule）**是给出数值积分基本思想的公式之一。

梯形公式中，将函数 $f(x)$的某个区间 $[x_i, x_{i+1}]$ 近似看作直线（**图5.1**）。于是，区间 $[x_i, x_{i+1}]$的积分值等于图5.1中梯形的面积，所以如下可近似表示为：

$$
\begin{aligned}
\int_{x_i}^{x_{i+1}} f(x)dx &\fallingdotseq \frac{f(x_i)+f(x_{i+1})}{2} \times (x_{i+1}-x_i) \\
&= \frac{f(x_i)+f(x_{i+1})}{2} \times h
\end{aligned}
\tag{2}
$$

其中，$h = x_{i+1} - x_i$

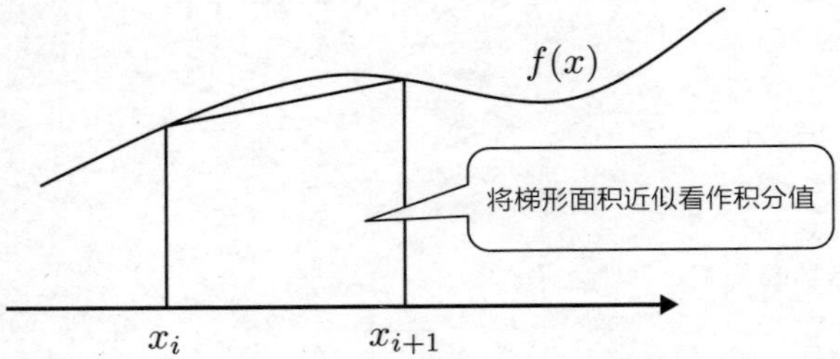
$f(x)$
将梯形面积近似看作积分值
x_i
x_{i+1}

■图5.1　梯形公式把函数$f(x)$的某个区间$[x_i, x_{i+1}]$近似看作直线

假设函数 $f(x)$ 上的点 $x_0, x_1, \cdots, x_n$ 以间距 h 等间距排列，根据公式（2），$\int_{x_0}^{x_n} f(x)dx$ 的数值如下可近似表示为：

$$\int_{x_0}^{x_n} f(x)dx = \frac{f(x_0)+f(x_1)}{2} \times h + \frac{f(x_1)+f(x_2)}{2} \times h + \cdots + \frac{f(x_{n-1})+f(x_n)}{2} \times h$$
$$= (\frac{f(x_0)}{2} + f(x_1) + f(x_2) + \cdots + f(x_{n-1}) + \frac{f(x_n)}{2}) \times h \quad (3)$$

运用这种方法，求解**图5.2**所示的四之分一圆的面积的程序trape.py见于**列表5.3**。

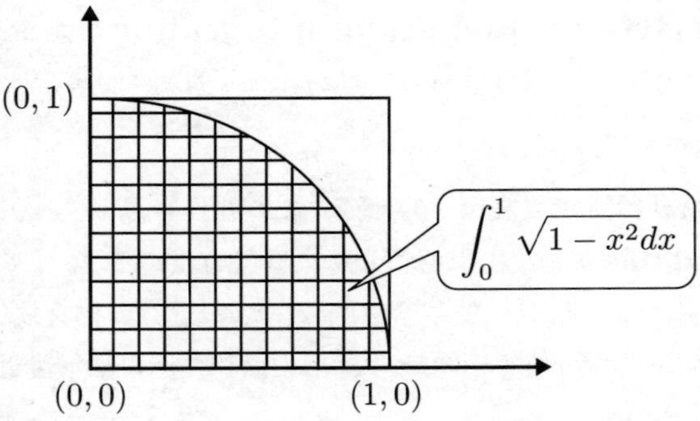
(0,1)
$\int_0^1 \sqrt{1-x^2}dx$
(0,0)
(1,0)

■图5.2　数值积分例题：求四分之一圆的面积

■列表5.3　运用梯形公式求解四分之一圆的面积：trape.py程序

```
# -*- coding: utf-8 -*-
"""
```

扫码看视频

```
trape.py程序
数值积分程序
运用梯形公式计算数值积分
使用方法  c:\>python trape.py
区间固定在0～1
"""
# 引入模块
import math

# 常数
SEED = 1  # 随机数种子
R = 10    # 重复实验的次数

# 分包函数的定义
# fx()函数
def fx(x):
    """积分对象的函数"""
    return math.sqrt(1.0 - x * x)
# fx()函数结束

# 主执行部分
# 输入试行次数n
n = int(input("请输入区间分割数N:"))
# 跨度h的计算
h = 1.0 / n
# 积分值的计算
integral = fx(0.0) / 2.0
for i in range(1, n):
    integral += fx(float(i) / n)
integral += fx(1.0) / 2.0
integral *= h
# 输出结果
print("积分值I  ", integral, "    4I  ", 4 * integral)
# trape.py结束
```

执行例5.3中展示了trape.py程序的执行例。如例中所示，trape.py程序首先会读入区间分割数。然后，输出积分结果I以及积分结果的4倍值4I。从图5.2也可以清楚看出，trape.py程序执行的积分的精确值为 $\pi/4$ 。通过执行例5.3可知：随着

区间分割数的增加，4I的值逐渐接近于$\pi = 3.1415926535\cdots$

■执行例5.3　trape.py程序的执行例

```
C:\Users\odaka\Documents\ch5>python trape.py
请输入区间分割数N:1000
积分值I    0.7853888667277558      4I    3.141555466911023

C:\Users\odaka\Documents\ch5>python trape.py
请输入区间分割数N:10000
积分值I    0.7853978694028302      4I    3.1415914776113207

C:\Users\odaka\Documents\ch5>python trape.py
请输入区间分割数N:100000
积分值I    0.785398154100502      4I    3.141592616402008

C:\Users\odaka\Documents\ch5>python trape.py
请输入区间分割数N:1000000
积分值I    0.7853981631034941      4I    3.1415926524139763
```

随着区间分割数的增加，4I的值逐渐接近于π

下面简单说明一下trape.py程序的内部构成。trape.py程序由主执行部分和计算被积函数$f(x)$的fx()函数组成。

在主执行部分的第25行和27行，读入区间分割数n的值，计算跨度h的值。接下来的第29~33行是梯形公式的计算部分。第29行和32行计算了两端的值，在第30行的for语句中计算了两端以外的部分。在第33行是跨度h的乘法计算。通过主执行部分最后的第35行的print()函数，输出结果。

fx()函数的定义非常简单，实际上只由第20行中用于计算函数值的return语句组成。综上所述，trape.py程序是一个极其简单的程序。

然后，说明一下使用**随机数的数值积分**。与上述例子一样，以求四分之一圆的面积为例。在使用随机数的数值积分计算当中，根据随机打出的点落在四分之一圆内的概率来求面积。

如**图5.3**，在正方形区域内，使用随机数随机点出小点。于是，将四分之一圆内点的数量和打出点的总数之比，近似为该四分之一圆的面积。在图5.3中，10个点当中，有8个点在四分之一圆内。因此，四分之一 圆的面积的近似值I为

积分值$I = 8/10 = 0.8$

若增加点的数量，近似值的精确度就会提高。

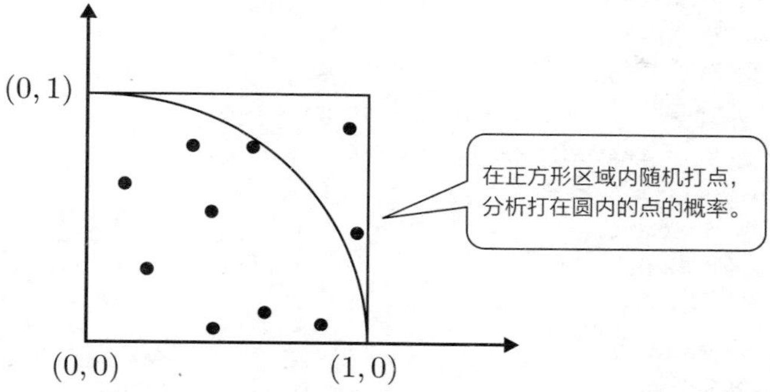
(0, 1)
(0, 0)
(1, 0)
在正方形区域内随机打点，
分析打在圆内的点的概率。

■ 图5.3　使用随机数的数值积分：求四分之一圆的面积

运用上述方法，基于随机数的数值积分的计算程序ri.py见于**列表5.4**。其执行例见于**执行例5.4**。在列表5.4中，运用10次不同的随机数列，执行了具有1,000,000点数的数值积分。最终取得了三位数的精确度。

■ 列表5.4　运用随机数计算数值积分：ri.py程序

扫码看视频

```
# -*- coding: utf-8 -*-
"""
ri.py程序
基于随机数的数值积分程序
使用伪随机数计算数值积分
使用方法  c:\>python ri.py
"""
# 引入模块
import random

# 常数
SEED = 1   # 随机数种子
R = 10     # 重复实验的次数

# 主执行部分
# 输入试行次数n
n = int(input("请输入试行次数n:"))
# 随机数的初始化
random.seed(SEED)
# 重复积分实验
```

```
21:for r in range(R):
22:    integral = 0
23:    # 积分值的计算
24:    for i in range(n):
25:        x = random.random()
26:        y = random.random()
27:        if (x * x + y * y) <= 1:  # 圆的内部
28:            integral += 1
29:    # 输出结果
30:    res = float(integral) / n
31:    print("积分值I  ", res, "    4I  ", 4 * res)
32:# ri.py结束
```

■执行例5.4　ri. py程序的执行例

```
C:\Users\odaka\Documents\ch5>python ri.py
请输入试行次数n:1000000
积分值I   0.785345      4I   3.14138
积分值I   0.785678      4I   3.142712
积分值I   0.785875      4I   3.1435
积分值I   0.785336      4I   3.141344
积分值I   0.785284      4I   3.141136
积分值I   0.785569      4I   3.142276
积分值I   0.784641      4I   3.138564
积分值I   0.785146      4I   3.140584
积分值I   0.78519      4I   3.14076
积分值I   0.784468      4I   3.137872

C:\Users\odaka\Documents\ch5>
```

下面介绍一下ri.py程序的构成。在ri. py程序中，运用Python的random模块生成随机数，按照图5.3中讲到的步骤，计算数值积分。执行程序时，需指定一次数值积分中产生点的个数。通过不同的随机数序列，重复计算10次数值积分。

在ri. py程序的主执行部分中，首先要对产生点的个数进行处理（第17行）。在第19行，利用random.seed()法，设定随机数的初始值。在第21行的for语句中，设定基于不同随机数序列的10次循环计算。

然后，在第24~28行的for语句中，按照前文讲过的步骤计算数值积分。通过第31行的print()函数，输出结果。

如上，运用梯形公式和随机数的方法，对同一函数执行了数值积分。虽然梯形公式单纯是一个公式，但如果被积函数f(x)像前文例子一样，是连续平滑的函数的话，通过增加分割数，可以提高一定的精确度。与之相对，基于随机数的数值积分可以认为是一种特殊方法，用于被积函数f(x)性质差，难以运用其他方法计算的情况。

5.2.2 随机数与最优化

作为使用随机数的计算方法，下面介绍一下解决组合最优化问题的方法。在这里，将举出组合最优化问题的典型例子——**背包问题（knapsack problem）**。

背包问题描述的是在限定重量的背包里，装入一定价值和重量的多种物品的问题（**图5.4**）。

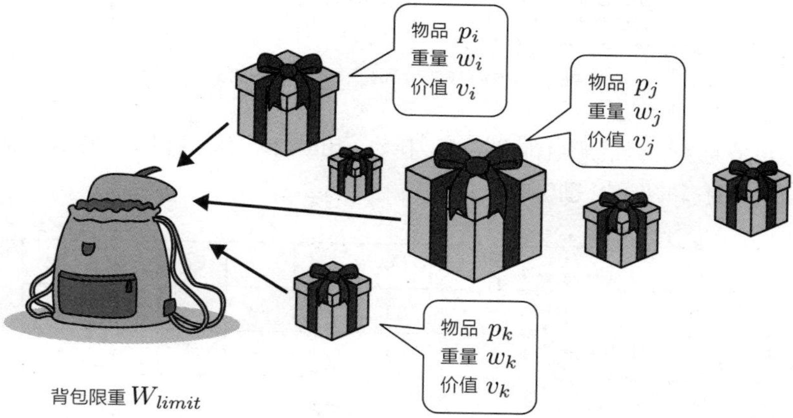
物品 p_i
重量 w_i
价值 v_i
物品 p_j
重量 w_j
价值 v_j
物品 p_k
重量 w_k
价值 v_k
背包限重 W_{limit}

■图5.4　背包问题。物品总重量$\sum w$在不超过背包限重W_{limit}的前提下，尽最大努力使装入物品的总价值$\sum v$得到最大

在背包问题中，必须在不超过背包限重的前提下，尽最大努力装入总价值最大的物品。针对某种物品组合和背包，将价值最大的物品组合称作**最优解（optimal solution）**或**精确解（exact solution）**。

背包问题通过尝试物品组合取最优解，是组合最优化问题的典型例子。下面采用简单例题进行具体说明。现在假设表5.1中有10个物品，从中挑选物品，在限重250以内，考虑让价值最大化的组合。

■表5.1　背包问题的例题（10个物品，限重250）

号码	1	2	3	4	5	6	7	8	9	10
重量	87	66	70	25	33	24	89	63	23	54
价值	96	55	21	58	41	81	8	99	59	62

例如，从第一个号码依次按序号装入物品。这样的话，如**图5.5**所示，在装入第5个物品后就超重了。该方法中，从1号装到4号，合计价值230。

号码	1	2	3	4	5	6	7	8	9	10
重量	87	66	70	25	33	24	89	63	23	54
价值	96	55	21	58	41	81	8	99	59	62

到第 4 个为止
重量合计　248
价值合计　230

到第 5 个为止
重量合计　281
→超重

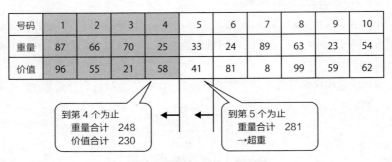

■图5.5　物品放置方法例①（表5.1的例题）

但是，这种方法称不上最优方法。比如，用6号和8号物品替换1号物品的话，可以得到更高的价值（**图5.6**）。

号码	1	2	3	4	5	6	7	8	9	10
重量	87	66	70	25	33	24	89	63	23	54
价值	96	55	21	58	41	81	8	99	59	62

2 号、3 号、4 号、6 号以及 8 号
重量合计　248
价值合计　314

■图5.6　物品放置方法例②（表5.1的例题）

该问题的最优解是选择4、5、6、8、9和10的物品来装取。此时的重量合计为222，价值合计为400（**图5.7**）。这一点可以通过尝试所有物品组合后得到验证。

号码	1	2	3	4	5	6	7	8	9	10
重量	87	66	70	25	33	24	89	63	23	54
价值	96	55	21	58	41	81	8	99	59	62

4、5、6、8、9和10号
重量合计 222
价值合计 400

■图5.7 物品放置方法例③（表5.1例题的最优解）

由于不了解求背包问题最优解的方法，所以，基本上，为了得到最优解不得不验证所有的组合。物品的个数每增加1个，组合数就会变为之前两倍，所以运用这种蛮力破解算法，只能解出10个物品数左右的问题。因此，作为研究探索方法，一般会采用**动态规划法（dynamic programming）**或**分枝界限法（branch and bound method）**。

在这里，如果不是追求最优解，而是考虑使用随机数找出相对优越的解。背包问题的解表现为包里要装的物品。因此，使用随机数向背包里随机装入物品，并对其结果进行评价。通过反复操作，在不超过限重范围内找出价值最大的物品组合。总之，该方法就是适当向背包里装物品，通过尝试验证结果，来找出问题的解。

基于随机装入物品进行评价的想法，思考解决背包问题的程序rkp.py的构成方法。rkp.py程序接受输入**表5.2**所示的内容，并作为计算结果，输出**表5.3**所示的项目。那么，除去表5.2显示的项目之外，物品的个数和物品重量以及价值的数据等设定项，要事先埋入源代码中。

■表5.2 rkp.py程序的输入项目

项目名称	说明
限定重量	背包可以容纳的总重量
试行次数	1次探索中产生随机数的次数

■表5.3 rkp.py程序的输出项目

项目名称	说明
价值的最大值	试行过程中发现的价值最大值
解	能够得到上述最大值的物品混装方法。用1或0表示是否装入物品

rkp.py程序除去主执行部分，实际上是由用于解决问题的solvekp()函数，以及solvekp()函数引出的多个分包函数构成的。**表5.4**显示了各个函数的功能说明。

■ 表5.4　构成rkp.py程序的函数

函数名称	说明
solvekp()	使用随机数求解
rsetp()	利用随机数混装物品
calcval()	计算评价值
calcw()	计算重量

按照以上方法构成的rkp.py程序的源代码见于**列表5.5**。执行例见于**执行例5.5**。

■ 列表5.5　rkp.py程序

扫码看视频

```
# -*- coding: utf-8 -*-
"""
rkp.py程序
通过随机搜索求解背包问题的程序
使用方法　c:\>python rkp.py
"""
# 引入模块
import random

# 全局变量
weights = [87, 66, 70, 25, 33, 24, 89, 63, 23, 54]  # 重量
values = [96, 55, 21, 58, 41, 81, 8, 99, 59, 62]    # 价值
N = len(weights)  # 物品个数
SEED = 32767      # 随机数种子
R = 10            # 实验循环次数

# 分包函数的定义
# solvekp()函数
def solvekp(p, weightlimit, nlimit, N):
    """解决问题"""
    maxvalue = 0  # 价值合计的最大值
    mweight = 0   # maxvalue时的重量
    bestp = [0 for i in range(N)]
    for i in range(nlimit):
        rsetp(p, N)  # 利用随机数混装物品
        weight = calcw(p, N)
```

```
        if weight <= weightlimit:   # 限定重量以内
            value = calcval(p, N)  # 计算评价值
        else:
            value = 0  # 超重
        if value > maxvalue:  # 更新最优解
            maxvalue = value
            mweight = weight
            for j in range(N):
                bestp[j] = p[j]
    print(maxvalue, " ", mweight)
    print(bestp)
# solvekp()函数结束

# calcw()函数
def calcw(p, N):
    """计算重量"""
    w = 0
    for i in range(N):
        w += weights[i] * p[i]
    return w
# calcw()函数结束

# calcval()函数
def calcval(p, N):
    """计算评价值"""
    v = 0
    for i in range(N):
        v += values[i] * p[i]
    return v
# calcval()函数结束

# rsetp()函数
def rsetp(p, N):
    """利用随机数混装物品"""
    for i in range(N):
        p[i] = int(random.random() * 2)
# rsetp()函数结束

# 主执行部分
```

```
p = [0 for i in range(N)]  # 问题的答案
# 输入限定重量
weightlimit = int(input("请输入限定重量:"))
# 输入试行次数
nlimit = int(input("请输入试行次数:"))
# 随机数的初始化
random.seed(SEED)
# 解决问题
# 重复实验
for i in range(R):
    solvekp(p, weightlimit, nlimit, N)
# rkp.py结束
```

■执行例5.5　rkp.py程序的执行例

```
C:\Users\odaka\Documents\ch5>python rkp.py
请输入限定重量:250
请输入试行次数:200
400   222
[0, 0, 0, 1, 1, 1, 0, 1, 1, 1]
338   168
[0, 0, 0, 1, 1, 1, 0, 1, 1, 0]
359   238
[0, 0, 1, 1, 1, 1, 0, 1, 1, 0]
376   230
[1, 0, 0, 0, 1, 1, 0, 1, 1, 0]
356   213
[1, 0, 0, 1, 0, 1, 0, 0, 1, 1]
393   222
[1, 0, 0, 1, 0, 1, 0, 1, 1, 0]
397   246
[1, 0, 0, 1, 1, 1, 0, 0, 1, 1]
393   222
[1, 0, 0, 1, 0, 1, 0, 1, 1, 0]
393   222
[1, 0, 0, 1, 0, 1, 0, 1, 1, 0]
397   246
[1, 0, 0, 1, 1, 1, 0, 0, 1, 1]
C:\Users\odaka\Documents\ch5>
```

实验（重复10次）物品数为10个，随机数生成200次

有时也会找到精确解（价值总计400）

执行例5.5中展示了前文表5.1描述的10个物品混装的例题。基于200次随机数生成的实验重复10次，通过生成的随机数序列，求出的价值合计在338到400之间。由于10个物品的混装方法有 $2^{10} = 1024$ 种，所以200次的试行相当于尝试了全部解的20%左右。这种规模的试行偶尔还可以找到精确解（400），即使找不到精确解，也能找到相对较优的解。

改变rkp.py的初始值，把物品个数设为30的执行例见于**执行例5.6**。变更后的源代码rkp.30py可见于附录A.3.

■ 执行例5.6　rkp.30py程序的执行例

```
C:\Users\odaka\Documents\ch5>python rkp30.py
请输入限定重量:750
请输入试行次数:10000
1083   735
[0, 0, 0, 1, 1, 1, 0, 1, 1, 1, 0, 1, 1, 0, 1, 0, 1, 1, 0, 0, 1, 1,
0, 0, 0, 1, 1, 0, 1, 1]
1119   691
[1, 0, 0, 1, 0, 1, 0, 1, 0, 1, 0, 1, 1, 0, 1, 0, 1, 0, 0, 0, 1, 1,
1, 0, 1, 1, 1, 0, 0, 1]
1083   730
[1, 0, 0, 0, 0, 1, 0, 1, 1, 1, 1, 1, 0, 1, 1, 0, 0, 0, 1, 0, 1, 1,
0, 0, 1, 1, 1, 0, 0, 0]
1122   727
[1, 1, 1, 1, 0, 1, 0, 1, 1, 0, 1, 1, 1, 0, 1, 0, 0, 0, 0, 0, 1, 1,
1, 0, 0, 1, 0, 0, 0, 1]
1133   750
[1, 1, 0, 0, 1, 1, 0, 1, 1, 1, 1, 1, 0, 0, 1, 0, 0, 0, 0, 0, 1, 1,
1, 0, 1, 0, 1, 0, 0, 1]
1136   730
[1, 0, 0, 1, 0, 1, 0, 1, 1, 0, 1, 1, 1, 0, 1, 0, 1, 0, 1, 0, 1, 1,
0, 0, 1, 1, 0, 1, 0, 1]
1125   731
[1, 0, 0, 0, 1, 1, 0, 0, 1, 1, 1, 1, 0, 0, 1, 0, 1, 0, 0, 1, 1, 1,
0, 0, 1, 1, 1, 1, 0, 1]
1121   697
[1, 0, 0, 0, 1, 1, 0, 1, 1, 1, 0, 1, 0, 1, 1, 0, 0, 0, 0, 0, 1, 1,
1, 0, 1, 1, 1, 0, 0, 1]
1093   750
[0, 1, 0, 1, 0, 1, 0, 1, 1, 1, 0, 1, 1, 0, 1, 1, 1, 0, 0, 1, 1, 1,
```

实验（重复10次）的物品数为30个，随机数生成1万次

```
1, 0, 1, 1, 0, 0, 1, 1]
1083   720
[1, 0, 0, 1, 0, 1, 0, 1, 1, 1, 0, 1, 1, 0, 1, 0, 1, 0, 1, 0, 1, 0,
1, 0, 1, 1, 1, 0, 0, 1]


C:\Users\odaka\Documents\ch5>
```

在执行例5.6当中，通过生成1万次随机数，得出的值在1083到1136之间。而通过全数搜索求得的最优解为1257。30个物品数就意味着共有 $2^{30} \fallingdotseq$ 11亿种解的组合，因此，在该例中只不过尝试了一小部分的解。尽管如此，还是可以找到具有1000以上价值的解。

从上述结果可知，在基于随机数的最优化过程中，虽然不能保证找到最优解，但可以快速找到相对较优的解。

5.3 使用随机数的模拟

5.3.1 随机漫步

作为直接应用随机数模拟的例子，下面列举的是**随机漫步（random walk）**模拟的例子。随机漫步指前进方向和步伐都随机决定的步行，亦称作**醉步**。随机漫步不仅应用在物理模拟，还被应用在经济学领域中经济现象的模型化等方面。

一维随机漫步中，每个单位时刻点在x轴上只移动由随机数决定的距离。随机数产生的区间包含正负数的话，点会根据随机数的符号向左向右移动。

二维随机漫步中，每个单位时刻均在坐标值加上随机数的值。**图5.8**展示了100步随机漫步的例子。图中，随机数的生成范围在-1到1，该图用直线将生成的坐标值连在了一起。

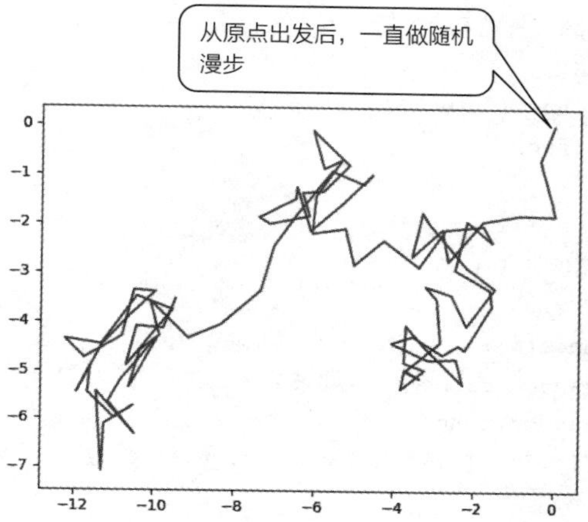
从原点出发后，一直做随机漫步
0
−1
−2
−3
−4
−5
−6
−7
−12
−10
−8
−6
−4
−2
0

■图5.8 二维随机漫步的例子（100步）

5.3.2 随机漫步模拟

现制作一个进行二维随机漫步模拟的程序randwalk.py。randwalk.py程序从原点（0,0）出发，通过逐步地在各坐标上加上区间[-1,1]的随机数，模拟随机漫步。

randwalk.py程序接受输入模拟中止步，以及随机数的初始值。输出结果为x轴坐标和y轴坐标的组合。

在以上前提下，构成randwalk.py程序的源代码见于**列表5.6**。randwalk.py程序的执行例见于**执行例5.7。**

■列表5.6 randwalk.py程序

```
# -*- coding: utf-8 -*-
"""
randwalk.py程序
随机漫步模拟
使用伪随机数，在平面内做随机漫步
使用方法  c:\>python randwalk.py
"""
# 引入模块
import random

# 主执行部分
# 试行次数n的初始化
```

扫码看视频

```
n = int(input("请输入试行次数n:"))
# 随机数的初始化
seed = int(input("请输入随机数种子:"))
random.seed(seed)

# 随机漫步
x = 0.0
y = 0.0
for i in range(n):
    x += (random.random() - 0.5) * 2
    y += (random.random() - 0.5) * 2
    print("{:.7f} {:.7f}".format(x, y))  # 位置
# randwalk.py结束
```

■执行例5.7 randwalk.py程序的执行例

```
C:\Users\odaka\Documents\ch5>python randwalk.py
请输入试行次数n:1000
请输入随机数种子:1
-0.7312715 0.6948675
-0.2037223 0.2050055
-0.2128521 0.1039877
0.0903338 0.6814344
-0.7219470 -0.2618707
-0.0504168 -0.3963366
0.4741434 -1.3921244
0.3649178 -0.9490444
-0.1775578 -0.0585030
0.6252971 -0.9973230
  （下面持续输出）
```

输出x坐标和y坐标的组合

将randwalk.py程序的执行结果进行可视化的程序grandwalk.py见于**列表5.7**。

■列表5.7 grandwalk.py程序

```
# -*- coding: utf-8 -*-
"""
grandwalk.py程序
随机漫步模拟
使用伪随机数，在平面内做随机漫步
```

扫码看视频

```
利用matplotlib添加绘图功能
使用方法  c:\>python grandwalk.py
"""
# 引入模块
import random
import numpy as np
import matplotlib.pyplot as plt

# 主执行部分
# 试行次数n的初始化
n = int(input("请输入试行次数n:"))
# 随机数的初始化
seed = int(input("请输入随机数种子:"))
random.seed(seed)
x = 0.0
y = 0.0
# 绘图准备
xlist = [x]  # x坐标
ylist = [y]  # y坐标
# 随机漫步
for i in range(n):
    x += (random.random() - 0.5) * 2
    y += (random.random() - 0.5) * 2
    print("{:.7f} {:.7f}".format(x, y))  # 位置
    xlist.append(x)
    ylist.append(y)

# 图像显示
plt.plot(xlist, ylist)  # 绘图
plt.show()
# grandwalk.py结束
```

grandwalk.py程序的执行例可见于**图5.9**。（1）和（2）分别是不同随机数种子所对应的结果，图像形状差别很大。

（1）列表5.7的执行例的图像化（试行次数1000，随机数种子1）

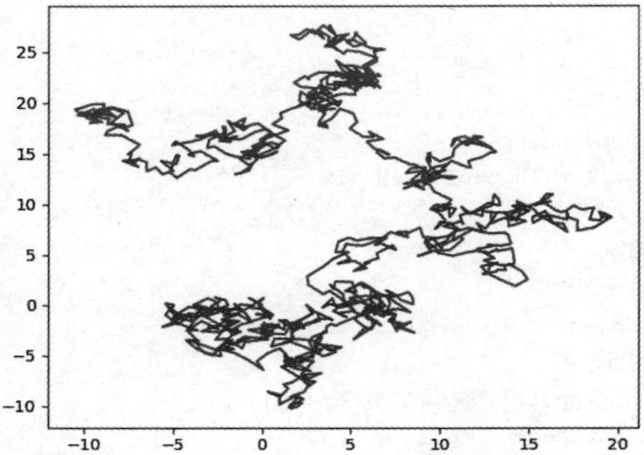
25
20
15
10
5
0
−5
−10
−10
−5
0
5
10
15
20

■图5.9　grandwalk.py程序的执行例

（2）另一随机数种子的执行例的图像化（试行次数1000，随机数种子32767）

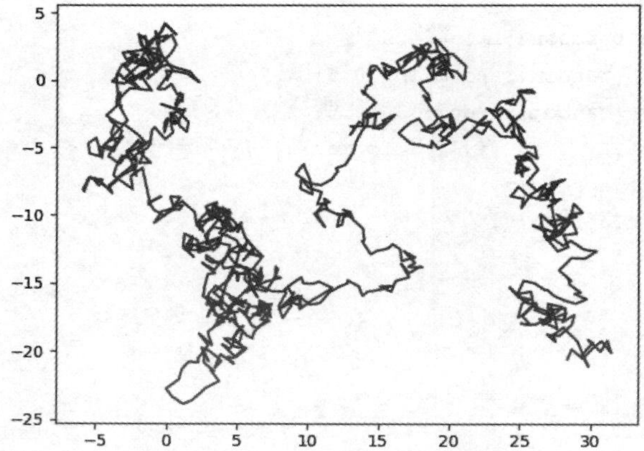
5
0
−5
−10
−15
−20
−25
−5
0
5
10
15
20
25
30

■图5.9　grandwalk.py程序的执行例（续）

5.4 Python模块的应用

在本章最后，将介绍与本章中所涉及到的话题有关的Python模块的应用实例。在本章中，制作了作为数值积分的例子的trape.py程序。但是，Python中具备简单计算数值积分的模块。

在**列表5.8**，展示了与trape.py程序相同的计算数值积分的scipytrape.py程序。另外，scipytrape.py程序的执行结果可见于**执行例5.8**。

■ 列表5.8 scipytrape.py程序

扫码看视频

```
# -*- coding: utf-8 -*-
"""
scipytrape.py程序
数值积分程序
利用scipy模块计算数值积分
使用方法  c:\>python scipytrape.py
"""
# 引入模块
import math
import numpy as np
from scipy import integrate

# 分包函数的定义
# fx()函数
def fx(x):
    """积分对象的函数"""
    return math.sqrt(1.0 - x * x)
# fx()函数结束

# 主执行部分
# 积分值的计算
integral = (integrate.quad(fx, 0, 1))[0]  # 只导出计算结果
# 输出结果
print("积分值I  ", integral, "    4I  ", 4 * integral)
# scipytrape.py结束
```

■ 执行例5.8 scipytrape.py程序的执行结果

```
C:\Users\odaka\Documents\ch5>python scipytrape.py
```

```
积分值I    0.785398163397448      4I    3.141592653589792

C:\Users\odaka\Documents\ch5>
```

在scipytrape.py程序中，使用了scipy模块。scipy模块在第2章微分方程的计算中也使用过，不过，在本章使用的是数值积分的功能。基于scipy模块的数值积分，只可以在下列第22行中执行。

```
22:integral = (integrate.quad(fx, 0, 1))[0]  # 只导出计算结果
```

在这里，fx是积分对象的函数，其定义在程序的第15行进行了描述。

如上所述，在Python中，通过选择适当的模块，可以简单地编写程序。

章末问题

（1）为了检验某伪随机数作为随机数是否有所帮助，必须进行随机数检定。在本章提到的均匀随机数，其随机数的值的出现频率真的是均匀的吗？关于这一问题也是有检验方法的。在检定过程中，经常使用统计检验的方法——卡方检验。除均匀性之外，还有许多诸如调查随机数序列的相关性等检验随机数的方法。因此，请调查一些检验随机数的方法。

（2）本章介绍了数值积分公式——梯形公式。梯形公式是一次近似，在附录A.4介绍了基于二次近似的**辛普森公式（Simpson's rule）**。请根据附录A.4，运用辛普森公式制作程序。

（3）为了解决背包问题，基本上需要尝尽所有物品组合，在限重范围内，找出价值最大的组合。那么，请制作一个尝试所有物品组合的程序。并且，请尝试使用上更高速的动态规划或分枝界限法等搜索方法。

第6章

基于主体的模拟

本章将介绍基于主体的模拟方法。主体思想是前文介绍的各种模拟技术的整合体，对模拟的编程有很大帮助。本章将举例说明Python中实现主体模拟的方法。

6.1 主体的定义

6.1.1 主体思想

主体模拟中的**主体（agent）**具有内部状态，是一类可以与外界交流的程序（**图6.1**）。这里的外界指的是主体存在的环境，以及存在于同一环境中的其他主体。一般地，基于事先接收的信息，主体可以主动进行信息处理。

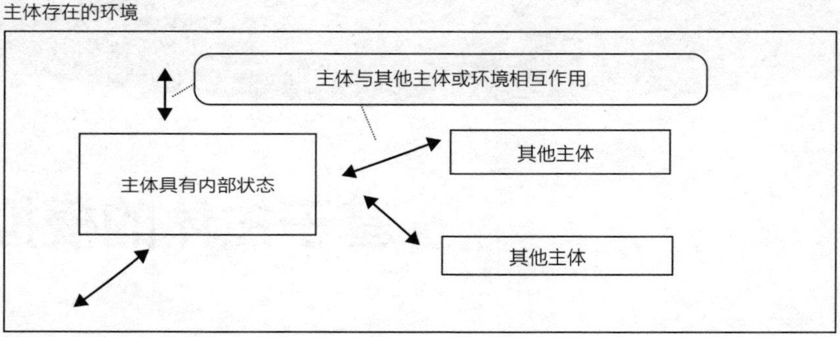
主体存在的环境
主体与其他主体或环境相互作用
主体具有内部状态
其他主体
其他主体

■图6.1　主体：具有内部状态，可以与外界交流的程序

主体的思想可以用于各种网络编程的世界。具体有：主动检查收件箱，判断其必要性后提示用户的主体，以及在网络上按照指示条件主动进行信息搜索的主体等。

这些主体一边与外界网络相互作用，一边主动进行信息处理。这种情况下，主体活动于网络环境中，犹如软件机器人一般存在。

主体的思想在模拟世界也是有用处的。运用程序构筑一个虚拟世界，通过让软件机器人主体在其中活动，可以实现多种模拟。尤其运用**多主体（multi agent）**结构，让多个主体在同一环境中活动时，可以模拟出仅仅通过物理模拟难以再现的社会现象以及集团活动，如人类集团的活动、以及动物群体的活动情形等。

6.1.2 基于Python的主体模拟再现

接下来，研究一下使用Python进行主体模拟的方法。模拟对象采用二维平面内移动的多个主体。主体具有内部状态，可以与环境及其他主体相互作用（**图6.2**）。

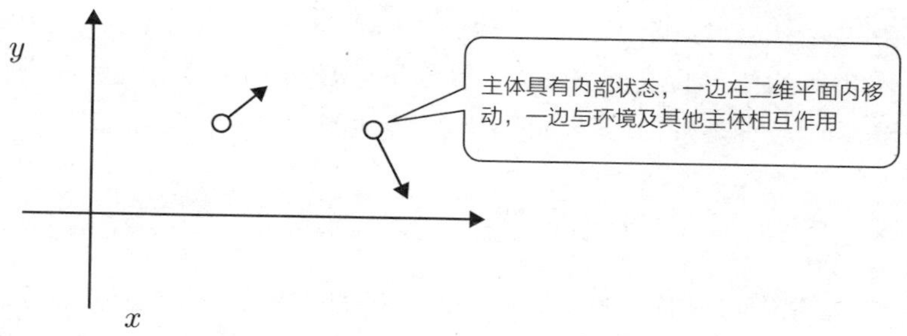
y
主体具有内部状态，一边在二维平面内移动，一边与环境及其他主体相互作用
x

■图6.2　二维平面内移动的主体模拟

首先，对具有内部状态的1个主体，即单主体在平面上的运动进行模拟。作为主体的相关信息有必要了解主体所在的坐标，决定主体行动的行动程序，以及描述主体内部状态的信息等。我们把这些信息定义为对象。**图6.3**展示了储存主体信息的Agent类的内部构造。

Agent 类

实例变量

名称	功能
category	主体的类别
x, y	主体的 x 坐标和 y 坐标
dx, dy	各坐标的增量初始值

方法

名称	功能
__init__()	构造函数（设定初始值）
calcnext()	计算下一时刻的状态
cat0()	类别 0 的计算方法
reverse()	cat0() 函数的分包函数
putstate()	输出主体状态

■图6.3　储存主体信息的Agent类的内部构造

在图6.3中，实例变量category表示主体的类别，根据该值可以切换控制主体的函数。x和y是存储主体的位置坐标。dx和dy是用于记录各坐标增量的初始值的变量。

在程序中，考虑到后期要向多主体扩展，所以准备了能够保存多个主体信息的Agent类列表a[]。列表a[]的各个元素被视为表示各个主体。只不过，最初并没有生成多主体，而是如下所示生成了1个主体，对单主体进行了模拟。

```
a = [Agent(0)]  # 生成类别0的主体
```

主体随着时间的推移，状态随之改变。其更新的方法与前文在模拟过程中使用的方法一样，通过for语句更新时间管理的变量。**图6.4**中展示了重复更新时间的过程。

在图6.4中，calcn()函数是用于更新系统中所有主体的分包函数，是用来处理多主体模拟的函数。不过，在最初考虑的单主体模拟程序中，仅分别传唤了一次calcnext()方法和putstate()方法，意义并不是很大。

（1）在主执行部分中下一时刻状态的更新计算（每个时刻引出一次calcn()函数）

```
# 主体模拟
for t in range(TIMELIMIT):
    calcn(a)  # 计算下一时刻的状态
```

（2）calcn()函数的内部处理（针对各个主体引出calcnext()方法和putstate()方法）

```
# 分包函数的定义
# calcn()函数
def calcn(a):
    """计算下一时刻的状态"""
    for i in range(len(a)):
        a[i].calcnext()
        a[i].putstate()
#calcn()函数结束
```

■图6.4　主体模拟中时间的循环更新

calcnext()方法根据每个类别指定的方法，进行主体状态的更新。calcnext()方法的处理过程大致如**列表6.1**所示。图中cat0()方法和cat1()方法分别承担各自的处理部分。

■ 列表6.1 calcnext()方法的大致处理过程

```
if self.category == 0:
    self.cat0()  # 类别0的计算
elif self.category == 1:
    self.cat1()  # 类别1的计算
 （以下只有类别的种类持续else if的联动）
else:  # 未找到对应类别
    print("ERROR 未找到类别\n")
```

然后，通过将主体的具体行动逐类记录到cat0()方法和cat1()方法上，完成主体模拟程序的制作。

根据以上准备工作，创建一个单主体在平面内运动的模拟程序sa0.py。设sa0.py程序的主体从原点呈z字形向坐标右上方运动。为此，需要在主体内部状态的属性值dx和dy上保存x轴和y轴方向的速度，并通过该值计算下一时刻的坐标值。另外，通过时刻变换速度实现z字形运动。

以上述准备工作为基础构成的sa0.py程序可见于**列表6.2**，执行结果可见于**执行例6.1**。

■ 列表6.2 sa0.py程序

扫码看视频

```
# -*- coding: utf-8 -*-
"""
sa0.py程序
简单的主体模拟
二维平面内运动的主体
使用方法  c:\>python sa0.py
"""
# 常数
TIMELIMIT = 100  # 模拟中止的时刻

# 类定义
# Agent类
class Agent:
    """描述主体的类定义"""
    def __init__(self, cat):  # 构造函数
        self.category = cat
        self.x = 0   # x坐标的初始值
        self.y = 0   # y坐标的初始值
```

```
        self.dx = 0  # x坐标增量的初始值
        self.dy = 1  # y坐标增量的初始值
    def calcnext(self):  # 计算下一时刻的状态
        if self.category == 0:
            self.cat0()  # 类别0的计算
        else:  # 未找到对应类别
            print("ERROR 未找到类别\n")
    def cat0(self):  # 类别0的计算方法
        # 更新内部状态
        self.dx = self.reverse(self.dx)
        self.dy = self.reverse(self.dy)
        # 由内部状态决定下个坐标
        self.x += self.dx
        self.y += self.dy
    def reverse(self, i):  # cat0()函数的分包函数
        if i == 0:
            return 1
        else:
            return 0
    def putstate(self):  # 输出状态
        print(self.x, self.y)
# agent类定义结束

# 分包函数的定义
# calcn()函数
def calcn(a):
    """计算下一时刻的状态"""
    for i in range(len(a)):
        a[i].calcnext()
        a[i].putstate()
# calcn()函数结束

# 主执行部分
# 初始化
a = [Agent(0)]  # 生成类别0的主体
a[0].putstate()

# 主体模拟
for t in range(TIMELIMIT):
```

```
    calcn(a)  # 计算下一时刻的状态
# sa0.py结束
```

■执行例6.1 sa0.py程序的执行例

```
C:\Users\odaka\Documents\ch6>python sa0.py
0 0
1 0
1 1
2 1
2 2
3 2
3 3
4 3
4 4
  （下面持续输出）
```

随着时间t的推移，主体的坐标不断更新

在**列表6.3**中展示了将执行例6.1的执行结果进行图像化的程序gsa0 .py。另外，**图6.5**展示了其执行结果的输出实例。运行gsa0 .py程序后，可以观察到主体从原点呈Z字形前行的情形。

■列表6.3 gsa0 .py程序

```
# -*- coding: utf-8 -*-
"""
gsa0.py程序
简单的主体模拟
二维平面内运动的主体
描绘结果图
使用方法  c:\>python gsa0.py
"""
# 引入模块
import numpy as np
import matplotlib.pyplot as plt

# 常数
TIMELIMIT = 100  # 模拟中止的时刻

# 类定义
# Agent类
```

```
class Agent:
    """描述主体的类定义"""
    def __init__(self, cat):  # 构造函数
        self.category = cat
        self.x = 0   # x坐标的初始值
        self.y = 0   # y坐标的初始值
        self.dx = 0  # x坐标增量的初始值
        self.dy = 1  # y坐标增量的初始值
    def calcnext(self):  # 计算下一时刻的状态
        if self.category == 0:
            self.cat0()  # 类别0的计算
        else:  # 未找到对应类别
            print("ERROR 未找到类别\n")
    def cat0(self):  # 类别0的计算方法
        # 更新内部状态
        self.dx = self.reverse(self.dx)
        self.dy = self.reverse(self.dy)
        # 由内部状态决定下个坐标
        self.x += self.dx
        self.y += self.dy
    def reverse(self, i):  # cat0()函数的分包函数
        if i == 0:
            return 1
        else:
            return 0
    def putstate(self):  # 输出状态
        print(self.x, self.y)
# agent类定义结束

# 分包函数的定义
# calcn()函数
def calcn(a):
    """计算下一时刻的状态"""
    for i in range(len(a)):
        a[i].calcnext()
        a[i].putstate()
        # 在图像数据上追加目前位置
        xlist.append(a[i].x)
        ylist.append(a[i].y)
```

```
# calcn()函数结束

# 主执行部分
# 初始化
a = [Agent(0)]  # 生成类别0的主体

# 图像数据的初始化
xlist = []
ylist = []
# 主体模拟
for t in range(TIMELIMIT):
    calcn(a)  # 计算下一时刻的状态
    # 图像显示
    plt.clf()  # 清除图像区域
    plt.axis([0, 60, 0, 60])  # 设定绘图区域
    plt.plot(xlist, ylist, ".")  # 绘图
    plt.pause(0.01)
    xlist.clear()
    ylist.clear()
plt.show()
# gsa0.py结束
```

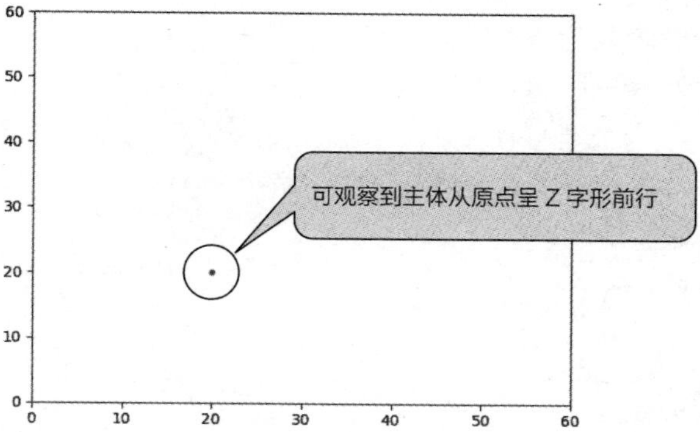
可观察到主体从原点呈 Z 字形前行

■图6.5 gsa0.py程序的输出实例

6.1.3 面向多主体的扩展

下面对sa0.py程序进行扩展，创建一个有多个主体运动的多主体程序，并将其称作sa1.py程序。

在sa1.py程序中，设定让多个主体进行随机漫步运动。其中，与sa0.py程序不同的地方是用于实现多主体化的主执行部分以及cat 0()函数的变更。

首先，为了生成N个主体，需要将主体的初始化部分进行以下变更。

```
a = [Agent(0)]  # 生成类别0的主体
      ↓多主体化
a = [Agent(0) for i in range(N)]  # 生成类别0的主体
```

在sa1.py程序的cat 0()函数中，下一时刻的主体位置，如下所示由随机数决定。

```
# 下个坐标由随机数决定
self.x += (random.random() - 0.5) * 2
self.y += (random.random() - 0.5) * 2
```

在**列表6.4**中，展示了附加以上变更点的sa1.py程序。另外，其执行例见于**执行例6.2**。

■列表6.4　sa1.py程序

扫码看视频

```
# -*- coding: utf-8 -*-
"""
sa1.py程序
简单的主体模拟
二维平面内运动的主体群
多个主体进行随机漫步
使用方法  c:\>python sa1.py
"""
# 引入模块
import random

# 常数
N = 30                # 主体的个数
TIMELIMIT = 100   # 模拟中止的时刻
SEED = 65535        # 随机数种子

# 类定义
# Agent类
class Agent:
```

```
    """描述主体的类定义"""
    def __init__(self, cat):  # 构造函数
        self.category = cat
        self.x = 0  # x坐标的初始值
        self.y = 0  # y坐标的初始值
    def calcnext(self):  # 计算下一时刻的状态
        if self.category == 0:
            self.cat0()  # 类别0的计算
        else:  # 未找到对应类别
            print("ERROR 未找到类别\n")
    def cat0(self):  # 类别0的计算方法
        # 下个坐标由随机数决定
        self.x += (random.random() - 0.5)  * 2
        self.y += (random.random() - 0.5) * 2
    def putstate(self):  # 输出状态
        print(self.x, self.y)
# agent类定义结束

# 分包函数的定义
# calcn()函数
def calcn(a):
    """计算下一时刻的状态"""
    for i in range(len(a)):
        a[i].calcnext()
        a[i].putstate()
# calcn()函数结束

# 主执行部分
# 初始化
random.seed(SEED)  # 随机数的初始化
a = [Agent(0) for i in range(N)]  # 生成类别0的主体

# 主体模拟
for t in range(TIMELIMIT):
    print("t=", t)
    calcn(a)  # 计算下一时刻的状态
# sa1.py结束
```

■执行例6.2　sa1.py程序的执行例

```
C:\Users\odaka\Documents\ch6>python sa1.py
t= 0
-0.925906767990863 0.688672770156115
-0.11911403043792945 -0.7491565189152196
0.8469865864702797 -0.16326242750044173
-0.7761904998208176 -0.365953145559027
-0.0959230259709527 -0.2929600721894223
  （中间省略）
t= 1
-1.1961509665596552 -0.23203894921806034
-0.5655250731527897 -0.9554404850257294
0.2678301317540923 -0.1282270911225225
-0.3490908519571796 -0.08317308383196753
0.24293516840357543 -1.1367804944009572
-0.9569516871831183 1.1727538559230923
0.3990368788875376 -0.5512756885619088
1.0082027074383586 0.042028337241336144
-0.7777342764468549 0.5025087941743323
-0.5090540826319332 0.7487430246115707
  （下面持续输出）
```

列表6.5展示了将执行例6.2中的执行结果图像化的程序gsa1.py。另外，执行结果的输出实例可见于**图6.6**。运行gsa1.py程序后，可以观察到多个主体随机移动的情形。

■列表6.5　gsa1.py程序

扫码看视频

```
# -*- coding: utf-8 -*-
"""
gsa1.py程序
简单的主体模拟
二维平面内运动的主体群
多个主体进行随机漫步
描绘结果图
使用方法  c:\>python gsa1.py
"""
# 引入模块
import random
```

```
import numpy as np
import matplotlib.pyplot as plt

# 常数
N = 30              # 主体的个数
TIMELIMIT = 100  # 模拟中止的时刻
SEED = 65535      # 随机数种子

# 类定义
# Agent类
class Agent:
    """描述主体的类定义"""
    def __init__(self, cat):  # 构造函数
        self.category = cat
        self.x = 0  # x坐标的初始值
        self.y = 0  # y坐标的初始值
    def calcnext(self):  # 计算下一时刻的状态
        if self.category == 0:
            self.cat0()  # 类别0的计算
        else:  # 未找到对应类别
            print("ERROR 未找到类别\n")
    def cat0(self):  # 类别0的计算方法
        # 下个坐标由随机数决定
        self.x += (random.random() - 0.5) * 2
        self.y += (random.random() - 0.5) * 2
    def putstate(self):  # 输出状态
        print(self.x, self.y)
# agent类定义结束

# 分包函数的定义
# calcn()函数
def calcn(a):
    """计算下一时刻的状态"""
    for i in range(len(a)):
        a[i].calcnext()
        # 在图像数据上追加目前位置
        xlist.append(a[i].x)
        ylist.append(a[i].y)
# calcn()函数结束
```

```

# 主执行部分
# 初始化
random.seed(SEED)  # 随机数的初始化
a = [Agent(0) for i in range(N)]  # 生成类别0的主体

# 图像数据的初始化
xlist = []
ylist = []
# 主体模拟
for t in range(TIMELIMIT):
    calcn(a)  # 计算下一时刻的状态
    # 图像显示
    plt.clf()  # 清除图像区域
    plt.axis([-20, 20, -20, 20])  # 设定绘图区域
    plt.plot(xlist, ylist, ".")   # 绘图
    plt.pause(0.01)
    xlist.clear()
    ylist.clear()
plt.show()
# gsa1.py结束
```

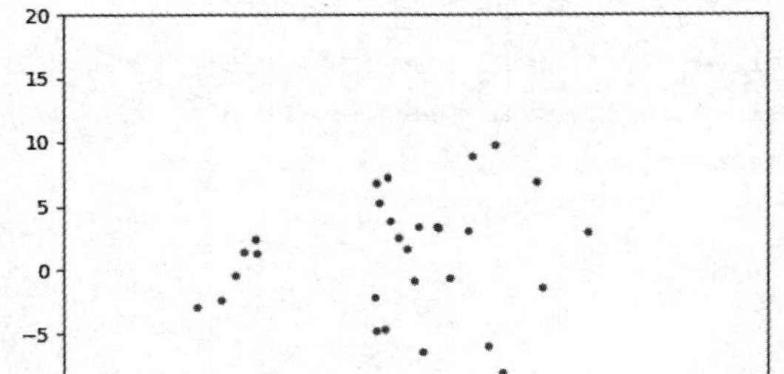
20
15
10
5
0
−5
−10
−15
−20
−20
−15
−10
−5
0
5
10
15
20

■图6.6　基于gsa1.py程序的画面输出例：多个主体随机移动

6.1.4 相互作用的多主体

在多主体模拟中，主体间的相互作用至关重要。那么，下面通过对sa1.py程

序进行改造，来模拟一下主体与其他主体的相互作用。

具体地，将主体分为两种类型：一种是如sa1.py程序中模拟的一样，进行随机漫步的主体Ar；另一种是如sa0.py程序中模拟的一样，向平面右上方移动的单主体As，让这两种主体在同一平面内运动。

两者的相互作用如下：当做随机漫步的主体Ar与做直线运动的主体As在一定距离内接近时，Ar则停止随机漫步，开始与As一起做直线运动。也就是说，当Ar与As靠近时，Ar便转为As（**图6.7**）。

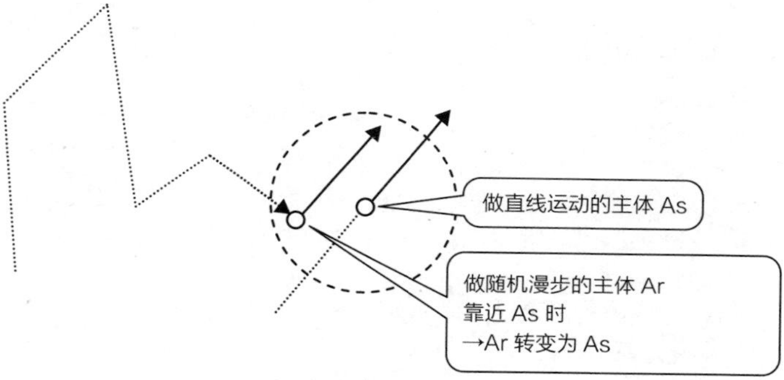
做直线运动的主体 As
做随机漫步的主体 Ar
靠近 As 时
→Ar 转变为 As

■图6.7　做随机漫步的主体Ar与做直线运动的主体As在一定范围内接近时，Ar转变为As

描述两种主体相互作用的程序sa2.py与sa1.py程序大致相同。基本上，在制作过程中，只不过让主体中各个类别进行动作处理的cat0()函数和cat1()函数符合上述说明即可。sa2.py程序的源代码可见于**列表6.6**，执行例可见于**执行例6.3**。

■列表6.6　两种主体相互作用：sa2.py程序

```
# -*- coding: utf-8 -*-
"""
sa2.py程序
简单的主体模拟
二维平面内运动的主体群
两种主体相互作用
使用方法  c:\>python sa2.py
"""
# 引入模块
import random

# 常数
```

扫码看视频

```
N = 30             # 主体的个数
TIMELIMIT = 100    # 模拟中止的时刻
SEED = 65535       # 随机数种子
R = 0.1            # 规定近邻值
DX = 0.1           # 类别1的主体速度
DY = 0.1           # 类别1的主体速度

# 类定义
# Agent类
class Agent:
    """描述主体的类定义"""
    def __init__(self, cat):  # 构造函数
        self.category = cat
        self.x = 0  # x坐标的初始值
        self.y = 0  # y坐标的初始值
    def calcnext(self):  # 计算下一时刻的状态
        if self.category == 0:
            self.cat0()  # 类别0的计算
        elif self.category == 1:
            self.cat1()  # 类别1的计算
        else:  # 未找到对应类别
            print("ERROR 未找到类别\n")
    def cat0(self):  # 类别0的计算方法
        # 计算与类别1的主体的距离
        for i in range(len(a)):
            if a[i].category == 1:
                c0x = self.x
                c0y = self.y
                ax = a[i].x
                ay = a[i].y
                if ((c0x - ax) * (c0x - ax) + (c0y - ay) * (c0y - ay)) < R:
                # 近邻存在类别1的主体
                    self.category = 1  # 转变为类别1
            else:  # 近邻不存在类别1
                self.x += random.random() - 0.5
                self.y += random.random() - 0.5

    def cat1(self):  # 类别1的计算方法
        self.x += DX
```

```
        self.y += DY
    def putstate(self):  # 输出状态
        print(self.category, self.x, self.y)
# agent类定义结束

# 分包函数的定义
# calcn()函数
def calcn(a):
    """计算下一时刻的状态"""
    for i in range(len(a)):
        a[i].calcnext()
        a[i].putstate()
# calcn()函数结束

# 主执行部分
# 初始化
random.seed(SEED)  # 随机数的初始化
# 生成类别0的主体
a = [Agent(0) for i in range(N)]
# 设定类别1的主体
a[0].category = 1
a[0].x = -2
a[0].y = -2

# 主体模拟
for t in range(TIMELIMIT):
    print("t=", t)
    calcn(a)  # 计算下一时刻的状态
# sa2.py结束
```

■执行例6.3 sa2.py程序的执行例

```
C:\Users\odaka\Documents\ch6>python sa2.py
t= 0
1 -1.9 -1.9
0 -0.8382906326422455 -0.500058305099837
0 -1.3453903743441193 -0.6618842960139935
0 -1.1678587506274112 0.7661714782778369
0 1.3990675973098121 0.6590498184277684
0 0.6216313407526934 2.160367261990335
```

只存在一个类别1的主体

```
0 -2.2723345007970925 -0.24720474423927352
（下面持续输出）
t= 1
1 -1.7999999999999998 -1.7999999999999998
0 -2.2752479890985775 -1.3921379497129922
0 -1.6773746216392103 -1.5385667780451557
0 -0.7915310865325651 -0.5030700849717471
0 -0.9974164535470179 0.19157869608228018
0 1.2212822281999038 2.5584397292708383
（下面持续输出）
t= 19
1 6.38378239159465e-16 6.38378239159465e-16
0 -4.959304178134808 -1.4593088453473793
1 1.2033687650188767 1.0174626984501314
1 1.121144251455566 1.2554446406290984
0 -1.972420620208723 2.4417245295951546
0 -8.212349512341326 2.2899675143198657
0 1.6233815945890382 4.81033938341042
0 6.2567123599269365 2.7418601341403797
0 2.8830076164949054 -9.22573655769203
1 -0.5723180445932164 0.5580339209319194
（下面持续输出）
```

只存在一个类别1的主体

类别0的主体正在做随机漫步运动

随着时间的推移，类别1的主体增多

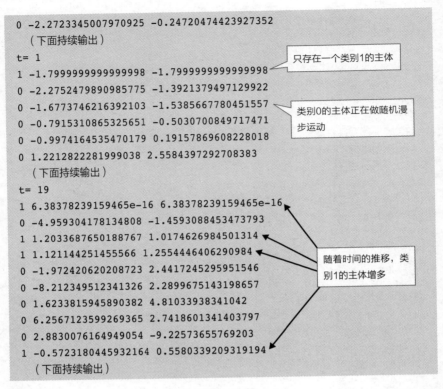

在**列表6.7**中，展示了将执行例6.3的执行结果进行图像化的程序gsa2.py。另外，gsa2.py程序的输出画面实例可见于**图6.8**。图（1）是模拟刚刚开始的状态，单独的类别1的主体向右上方前进。之后，类别1的主体靠近类别0的主体，导致类别1的主体数量增加，图（2）的状态表示的是类别1的主体集体向右上方向移动的情形。

■ 列表6.7　gsa2.py程序

```
# -*- coding: utf-8 -*-
"""
gsa2.py程序
简单的主体模拟
二维平面内运动的主体群
两种主体相互作用
描绘结果图
使用方法　c:\>python gsa2.py
```

扫码看视频

```
"""
# 引入模块
import random
import numpy as np
import matplotlib.pyplot as plt

# 定义
N = 30              # 主体的个数
TIMELIMIT = 100     # 模拟中止的时刻
SEED = 65535        # 随机数种子
R = 0.1             # 规定近邻值
DX = 0.1            # 类别1的主体速度
DY = 0.1            # 类别1的主体速度

# 类定义
# Agent类
class Agent:
    """描述主体的类定义"""
    def __init__(self, cat):  # 构造函数
        self.category = cat
        self.x = 0  # x坐标的初始值
        self.y = 0  # y坐标的初始值
    def calcnext(self):  # 计算下一时刻的状态
        if self.category == 0:
            self.cat0()  # 类别0的计算
        elif self.category == 1:
            self.cat1()  # 类别1的计算
        else:  # 未找到对应类别
            print("ERROR 未找到类别\n")
    def cat0(self):  # 类别0的计算方法
        # 计算与类别1的主体的距离
        for i in range(len(a)):
            if a[i].category == 1:
                c0x = self.x
                c0y = self.y
                ax = a[i].x
                ay = a[i].y
                if ((c0x - ax) * (c0x - ax) + (c0y - ay) * (c0y - ay)) < R:
                # 近邻存在类别1的主体
```

```
                    self.category = 1  # 转变为类别1
            else:  # 近邻不存在类别1
                self.x += random.random() - 0.5
                self.y += random.random() - 0.5

    def cat1(self):  # 类别1的计算方法
        self.x += DX
        self.y += DY
    def putstate(self):  # 输出状态
        print(self.category, self.x, self.y)
# agent类定义结束

# 分包函数的定义
# calcn()函数
def calcn(a):
    """计算下一时刻的状态"""
    for i in range(len(a)):
        a[i].calcnext()
        # 在图像数据上追加目前位置
        if a[i].category == 0:
            xlist0.append(a[i].x)
            ylist0.append(a[i].y)
        elif a[i].category == 1:
            xlist1.append(a[i].x)
            ylist1.append(a[i].y)
# calcn()函数结束

# 主执行部分
# 初始化
random.seed(SEED)  # 随机数的初始化
# 生成类别0的主体
a = [Agent(0) for i in range(N)]
# 设定类别1的主体
a[0].category = 1
a[0].x = -5
a[0].y = -5

# 图像数据的初始化
# 类别0的数据
```

```
xlist0 = []
ylist0 = []
# 类别1的数据
xlist1 = []
ylist1 = []
# 主体模拟
for t in range(TIMELIMIT):
    calcn(a)  # 计算下一时刻的状态
    # 图像显示
    plt.clf()  # 清除图像区域
    plt.axis([-40, 40, -40, 40])   # 设定绘图区域
    plt.plot(xlist0, ylist0, ".")  # 绘出类别0
    plt.plot(xlist1, ylist1, "+")  # 绘出类别1
    plt.pause(0.01)
    # 清除绘图数据
    xlist0.clear()
    ylist0.clear()
    xlist1.clear()
    ylist1.clear()
plt.show()
# gsa2.py结束
```

（1）t=1时的状态

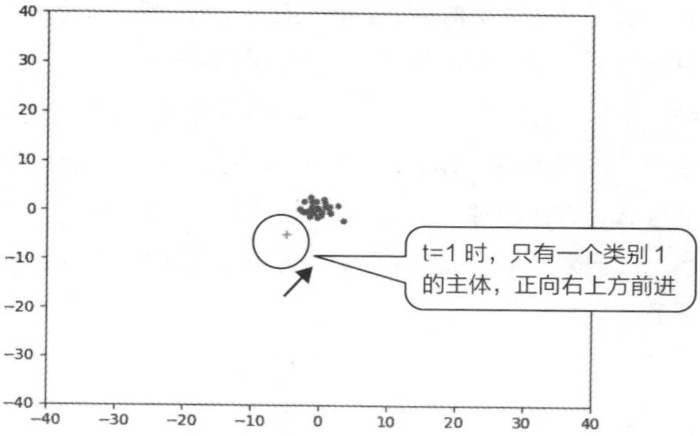
40
30
20
10
0
−10
−20
−30
−40
−40 −30 −20 −10 0 10 20 30 40
t=1 时，只有一个类别 1 的主体，正向右上方前进

（2）t=100时的状态

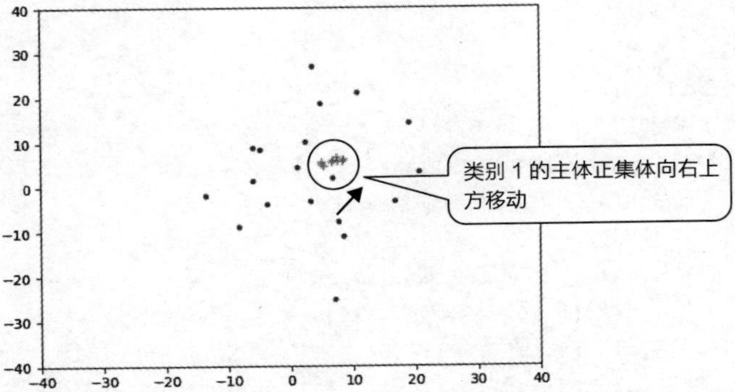
类别 1 的主体正集体向右上方移动

■图6.8　gsa2.py程序的输出画面实例

6.2 基于多主体的相互作用的模拟

6.2.1 基于多主体的模拟

利用截止到上节内容所介绍的平面内运动的多主体模拟的结构，来模拟主体的相互作用，尤其可以根据其相互作用，模拟一下某特定性质在主体集合中的传播状况。或者，也可以视作模拟感染症在主体集合中传播的情形。

模拟的设定如下所示：主体分类别0和类别1两种类别。两种类别的主体均做随机漫步运动。不过，可以在单位时刻的移动量上设置差别。

模拟开始时，类别0的主体 A_{cat0} 占绝大多数，类别1的主体 A_{cat1} 只有一个。当 A_{cat0} 与 A_{cat1} 靠近时，A_{cat0} 即被“感染”变为 A_{cat1} 。A_{cat1} 不会变为 A_{cat0}。此时，若改变 A_{cat1} 的移动量，“感染”将做如何变化呢？下面运用模拟就此进行研究。

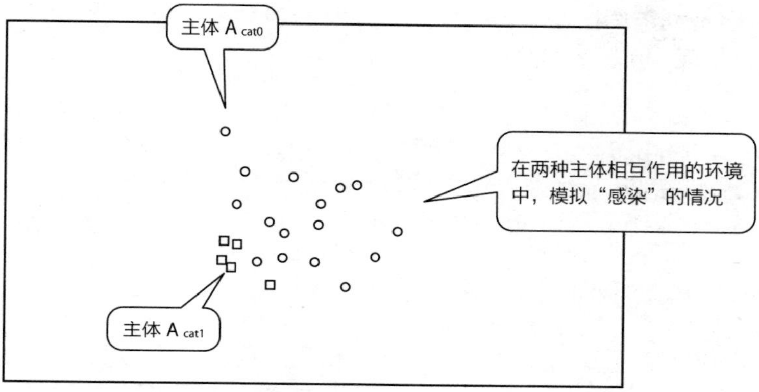
主体 A cat0
在两种主体相互作用的环境中，模拟“感染”的情况
主体 A cat1

■ 图6.9　多主体相互作用的模拟

6.2.2　多主体模拟程序

“感染”的模拟程序infection.py可以通过扩展sa2.py程序来完成。对sa2.py程序的处理内容进行扩展的地方有以下两点。

第一，将类别1的主体的行动从单纯的直线改为随机漫步。这时，由于要逐类别地改变移动量，故将类别1的主体的移动值设为移动量乘以系数factor。通过factor的调整，可以将类别1的动作控制得比类别0缓慢或活跃。

类别1的主体的移动值如下进行计算。

```
self.x += (random.random() - 0.5) * factor
self.y += (random.random() - 0.5) * factor
```

第二，要设定系数factor。在这里，factor作为程序的输入值，需要在infection程序中设置。在sa2.py程序中需要加上这种处理。

按照上述方法，制作的程序infection.py的源代码可见于**列表6.8**，其执行例可见于**执行例6.4**。

■ 列表6.8　infection.py程序

```
# -*- coding: utf-8 -*-
"""
infection.py程序
“感染”的主体模拟
二维平面内运动的主体群
```

扫码看视频

```
两种主体相互作用
使用方法  c:\>python infection.py
"""
# 引入模块
import random
import numpy as np
import matplotlib.pyplot as plt

# 全局变量
N = 100              # 主体的个数
TIMELIMIT = 100  # 模拟中止的时刻
SEED = 65535       # 随机数种子
R = 0.5              # 规定近邻值
factor = 1.0       # 类别1的主体的步幅

# 类定义
# Agent类
class Agent:
    """描述主体的类定义"""
    def __init__(self, cat):  # 构造函数
        self.category = cat
        self.x = 0  # x坐标的初始值
        self.y = 0  # y坐标的初始值
    def calcnext(self):  # 计算下一时刻的状态
        if self.category == 0:
            self.cat0()  # 类别0的计算
        elif self.category == 1:
            self.cat1()  # 类别1的计算
        else:  # 未找到对应类别
            print("ERROR 未找到类别\n")
    def cat0(self):  # 类别0的计算方法
        # 计算与类别1的主体的距离
        for i in range(len(a)):
            if a[i].category == 1:
                c0x = self.x
                c0y = self.y
                ax = a[i].x
                ay = a[i].y
                if ((c0x - ax) * (c0x - ax) + (c0y - ay) * (c0y
```

```
- ay)) < R:
                # 近邻存在类别1的主体
                    self.category = 1  # 转变为类别1
            else:  # 近邻不存在类别1
                self.x += random.random() - 0.5
                self.y += random.random() - 0.5

    def cat1(self):  # 类别1的计算方法
        self.x += (random.random() - 0.5) * factor
        self.y += (random.random() - 0.5) * factor
    def putstate(self):  # 输出状态
        print(self.category, self.x, self.y)
# agent类定义结束

# 分包函数的定义
# calcn()函数
def calcn(a):
    """计算下一时刻的状态"""
    for i in range(len(a)):
        a[i].calcnext()
        a[i].putstate()
# calcn()函数结束

# 主执行部分
# 初始化
random.seed(SEED)  # 随机数的初始化
# 生成类别0的主体
a = [Agent(0) for i in range(N)]
# 设定类别1的主体
a[0].category = 1
a[0].x = -2
a[0].y = -2
# 设定类别1的主体的步幅factor
factor = float(input("请输入类别1的步幅factor:"))

# 主体模拟
for t in range(TIMELIMIT):
    print("t=", t)
    calcn(a)  # 计算下一时刻的状态
# infection.py结束
```

■执行例6.4　infection.py程序的执行例

```
C:\Users\odaka\Documents\ch6>python infection.py
请输入类别1的步幅factor:0.5
t= 0
1 -2.231476691997716 -1.8278
0 -2.6730484176751075 -1.559383935778016
0 -2.108379970847516 4.926711205514627
0 0.5266631511886093 1.5275846546185692
0 -4.050210263168189 2.3957808315617894
0 4.192780615216193 -3.5184747710520727
 （下面持续输出）
t= 59
1 -2.764247444000137 0.28218017146785457
1 -5.882211172801766 -1.6066226379418875
1 -0.5813802412175701 -2.6294213992173696
1 -2.408961770435771 5.01963544454752
1 -4.129735661493434 0.14977022753903563
0 -35.737676684392255 19.684923042628572
1 -5.379696330737046 -5.816498346398648
0 -20.82435498736591 16.782268564785056
0 -27.447948351825367 4.433588070485401
0 -6.67573057600324 45.46223377120194
1 2.8104550565805173 -3.616435161020271
0 1.2635791481093195 -15.590726043738538
 （下面持续输出）
```

被“感染”的类别1的主体，速度为类别0的主体的1/2

随着时间的推移，“感染”范围逐渐扩大

给infection.py程序添加上可视化功能的程序ginfection.py可见于**列表6.9**。

■列表6.9　ginfection.py程序

```
# -*- coding: utf-8 -*-
"""
ginfection.py程序
“感染”的主体模拟
二维平面内运动的主体群
两种主体相互作用
描绘结果图
使用方法　c:\>python ginfection.py
"""
# 引入模块
```

扫码看视频

```
import random
import numpy as np
import matplotlib.pyplot as plt

# 全局变量
N = 100             # 主体的个数
TIMELIMIT = 100   # 模拟中止的时刻
SEED = 65535        # 随机数种子
R = 0.5             # 规定近邻值
factor = 1.0        # 类别1的主体的步幅

# 类定义
# Agent类
class Agent:
    """描述主体的类定义"""
    def __init__(self, cat):  # 构造函数
        self.category = cat
        self.x = 0  # x坐标的初始值
        self.y = 0  # y坐标的初始值
    def calcnext(self):  # 计算下一时刻的状态
        if self.category == 0:
            self.cat0()  # 类别0的计算
        elif self.category == 1:
            self.cat1()  # 类别1的计算
        else:  # 未找到对应类别
            print("ERROR 未找到类别\n")
    def cat0(self):  # 类别0的计算方法
        # 计算与类别1的主体的距离
        for i in range(len(a)):
            if a[i].category == 1:
                c0x = self.x
                c0y = self.y
                ax = a[i].x
                ay = a[i].y
                if ((c0x - ax) * (c0x - ax) + (c0y - ay) * (c0y - ay)) < R:
                # 近邻存在类别1的主体
                    self.category = 1  # 转变为类别1
            else:  # 近邻不存在类别1
                self.x += random.random() - 0.5
```

```
                self.y += random.random() - 0.5

    def cat1(self):  # 类别1的计算方法
        self.x += (random.random() - 0.5) * factor
        self.y += (random.random() - 0.5) * factor
    def putstate(self):  # 输出状态
        print(self.category, self.x, self.y)
# agent类定义结束

# 分包函数的定义
# calcn()函数
def calcn(a):
    """计算下一时刻的状态"""
    for i in range(len(a)):
        a[i].calcnext()
        a[i].putstate()
        # 在图像数据上追加目前位置
        if a[i].category == 0:
            xlist0.append(a[i].x)
            ylist0.append(a[i].y)
        elif a[i].category == 1:
            xlist1.append(a[i].x)
            ylist1.append(a[i].y)
# calcn()函数结束

# 主执行部分
# 初始化
random.seed(SEED)  # 随机数的初始化
# 生成类别0的主体
a = [Agent(0) for i in range(N)]
# 设定类别1的主体
a[0].category = 1
a[0].x = -2
a[0].y = -2
# 设定类别1的主体的步幅factor
factor = float(input("请输入类别1的步幅factor:"))
# 图像数据的初始化
# 类别0的数据
xlist0 = []
```

```
ylist0 = []
# 类别1的数据
xlist1 = []
ylist1 = []
# 主体模拟
for t in range(TIMELIMIT):
    calcn(a)  # 计算下一时刻的状态
    # 图像显示
    plt.clf()  # 清除图像区域
    plt.axis([-40, 40, -40, 40])   # 设定绘图区域
    plt.plot(xlist0, ylist0, ".")  # 绘出类别0
    plt.plot(xlist1, ylist1, "+")  # 绘出类别1
    plt.pause(0.01)
    # 清除绘图数据
    xlist0.clear()
    ylist0.clear()
    xlist1.clear()
    ylist1.clear()
plt.show()
# ginfection.py结束
```

图6.10以及**图6.11**展示了ginfection.py程序的输出画面实例。在图6.10的例子中，设定factor=2，“感染”的类别1的主体移动变得活跃。在时刻t=100时，“感染”扩散到集团内部。图6.11中，factor=0.1，类别1主体的移动速度是类别0的主体的1/10。这种情况下，即使在时刻t=100时，“感染”的范围也很有限。

① t=5 “感染”的初始状态

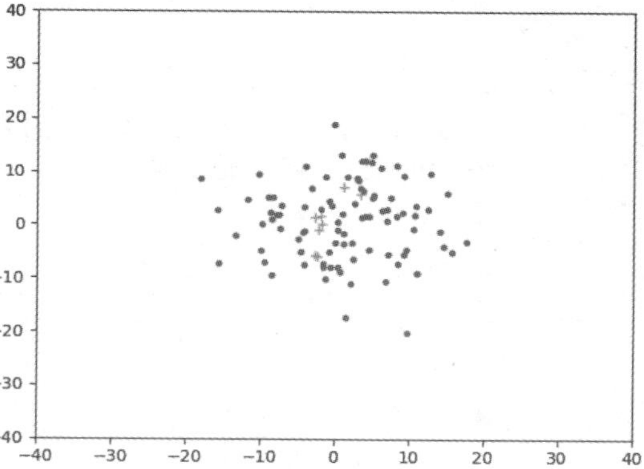

40
30
20
10
0
−10
−20
−30
−40
−40
−30
−20
−10
0
10
20
30
40

② t=100 “感染”扩散到集团内部

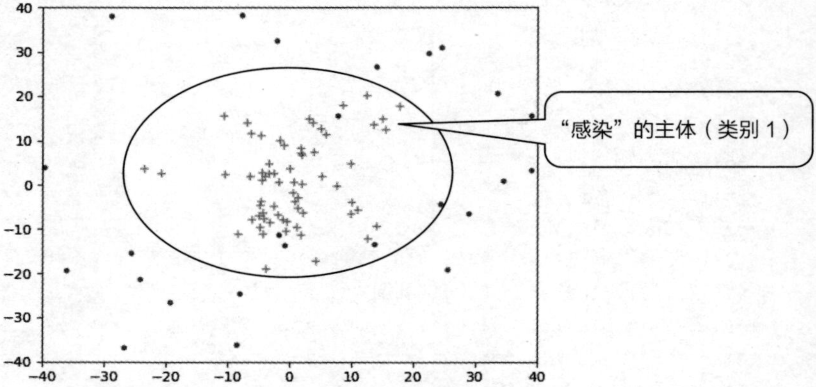
“感染”的主体（类别 1）
40
30
20
10
0
−10
−20
−30
−40
−40 −30 −20 −10 0 10 20 30 40

■图6.10　ginfection.py程序的输出画面实例（1）：factor=2时的情况

t=100 “感染”范围有限

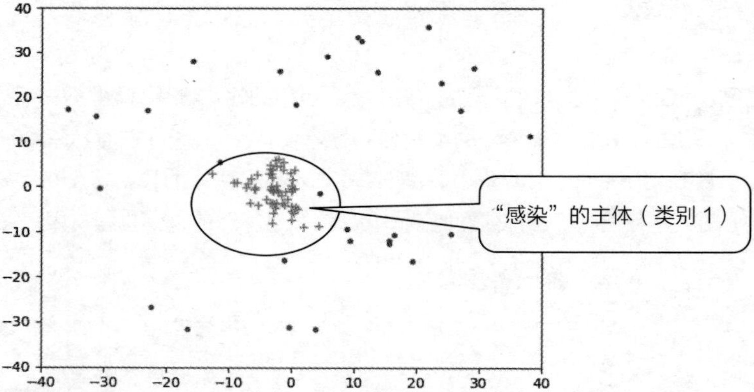
“感染”的主体（类别 1）
40
30
20
10
0
−10
−20
−30
−40
−40 −30 −20 −10 0 10 20 30 40

■图6.11 ginfection.py程序的输出画面实例（2）：factor=0.1时的情况
即使在t=100时，“感染”范围依然有限

章末问题

（1）章介绍的多主体模拟程序是本书的汇总式程序。在多主体模拟中，可以很容易地编入第2章和第3章中介绍的物理模拟的元素。虽然第4章的元胞自动机以及第5章的随机数模拟的元素已被编入其中，但还可以导入更多。在多主体模拟中，设计者无需受任何限制，便可进行条件设定。请运用多主体思想，尝试创建一个原版的模拟系统。

（2）在infection.py程序中，主体从随机漫步开始移动。改变主体的移动方法，如，往返于平面上的两个地方，请尝试模拟此时主体集合发生的变化。模拟增加主体的种类，将移动模式复杂化等更加复杂的设定也并非难事，因此，请挑战模拟一些复杂的设定。

附录

A.1 四阶龙格–库塔法的公式

第2章中介绍了所接触的龙格–库塔法公式中最为常用的四阶龙格–库塔法公式。

在下面的一阶常微分方程中，

$$\frac{dy}{dx} = f(x, y) \qquad 其中, \quad y(x_0) = y_0$$

通过跨度h决定$x_n = x_0 + nh$，再求出x_n对应的y的值y_n之后，y_{n+1}的值可以用下列算式求出。

$$y_{n+1} = y_n + k_1/6 + k_2/3 + k_3/3 + k_4/6$$

其中，

$$k_1 = hf(x_n, y_n)$$
$$k_2 = hf(x_n + \frac{h}{2}, y_n + \frac{k_1}{2})$$
$$k_3 = hf(x_n + \frac{h}{2}, y_n + \frac{k_2}{2})$$
$$k_4 = hf(x_n + h, y_n + k_3)$$

A.2 拉普拉斯方程运用周围4点的差分取近似值的说明

在第3章中，直观的介绍了拉普拉斯方程运用周围4个点的差分求取近似值的内容。这在把偏微分当做差分分析的过程中，可以得出一样的结论。

正如本文所描述的，为了方便，下面将x方向和y方向的格点设定为同一刻度h。

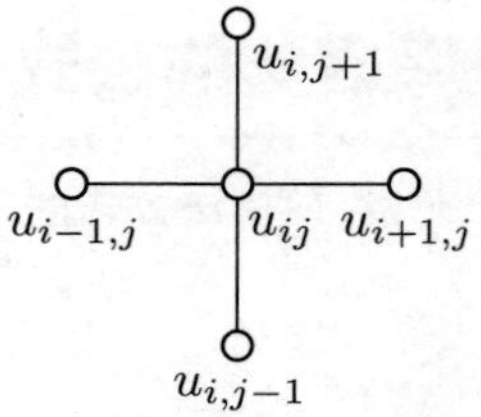

$u_{i,j+1}$
$u_{i-1,j}$
u_{ij}
$u_{i+1,j}$
$u_{i,j-1}$

■图A.1　格点的设定

于是，如果 h 足够小的话，x 的偏微分 $\frac{\partial u(x,y)}{\partial x}$ 可看作 u_{ij} 在左右两侧格点间的差分，分别表示为：

$$\frac{\partial u(x,y)}{\partial x}=\frac{u_{i+1,j}-u_{ij}}{h},\frac{\partial u(x,y)}{\partial x}=\frac{u_{ij}-u_{i-1,j}}{h}$$

因此，二阶微分如下所示，可以通过求出两者的差，再除以 h 求出。

$$\begin{aligned}\frac{\partial^2 u(x,y)}{\partial x^2}&=\frac{\frac{u_{i+1,j}-u_{ij}}{h}-\frac{u_{ij}-u_{i-1,j}}{h}}{h}\\&=\frac{u_{i+1,j}-2u_{ij}+u_{i-1,j}}{h^2}\end{aligned}$$

同理，求 $\frac{\partial^2 u(x,y)}{\partial y^2}$ 的结果如下：

$$\frac{\partial^2 u(x,y)}{\partial y^2}=\frac{u_{i,j+1}-2u_{ij}+u_{i,j-1}}{h^2}$$

因此，拉普拉斯方程 $\Delta u(x,y)=0$ 可以变为：

$$\begin{aligned}\Delta u(x,y)&=\frac{\partial^2 u(x,y)}{\partial x^2}+\frac{\partial^2 u(x,y)}{\partial y^2}\\&=\frac{u_{i+1,j}-2u_{ij}+u_{i-1,j}}{h^2}+\frac{u_{i,j+1}-2u_{ij}+u_{i,j-1}}{h^2}=0\end{aligned}$$

所以，

$$\frac{u_{i+1,j}+u_{i-1,j}+u_{i,j+1}+u_{i,j-1}-4u_{ij}}{h^2}=0$$

两边同时乘以h^2，整理得到：

$$u_{ij}=\frac{u_{i,j-1}+u_{i-1,j}+u_{i+1,j}+u_{i,j+1}}{4}$$

这和正文第3章中的算式（6）是一致的。

A.3 背包问题的解法程序rkp30.py

列表A.1展示了第5章中所介绍的rkp.30py程序的源程序。其中与正文介绍的rkp.py程序的不同之处在于重量和价值的初始设定部分（第11行~18行）。

■ 表A.1　rkp.30py程序

```
 1:# -*- coding: utf-8 -*-
 2:"""
 3:rkp30.py程序
 4:通过随机搜索求解背包问题的程序
 5:使用方法  c:\>python rkp30.py
 6:"""
 7:# 引入模块
 8:import random
 9:
10:# 全局变量
11:weights = [87, 66, 70, 25, 33, 24, 89, 63, 23,
12:            54, 88, 7, 48, 76, 60, 58, 53, 72,
13:            53, 16, 19, 47, 50, 95, 17, 25, 87,
14:            66, 70, 25]  # 重量
15:values = [96, 55, 21, 58, 41, 81, 8, 99,
16:           59, 62, 100, 93, 61, 52, 78,
17:           21, 31, 23, 2, 10, 34, 97, 41,
18:           40, 43, 91, 96, 55, 21, 58]  # 价值
19:N = len(weights)  # 物品个数
```

```
SEED = 32767       # 随机数种子
R = 10             # 实验循环次数

# 分包函数的定义
# solvekp()函数
def solvekp(p, weightlimit, nlimit, N):
    """解决问题"""
    maxvalue = 0  # 价值合计的最大值
    mweight = 0   # maxvalue时的重量
    bestp = [0 for i in range(N)]
    for i in range(nlimit):
        rsetp(p, N)  # 利用随机数混装物品
        weight = calcw(p, N)
        if weight <= weightlimit:  # 限定重量以内
            value = calcval(p, N)  # 计算评价值
        else:
            value = 0  # 超重
        if value > maxvalue:  # 更新最优解
            maxvalue = value
            mweight = weight
            for j in range(N):
                bestp[j] = p[j]
    print(maxvalue, " ", mweight)
    print(bestp)
# solvekp()函数结束

# calcw()函数
def calcw(p, N):
    """计算重量"""
    w = 0
    for i in range(N):
        w += weights[i] * p[i]
    return w
# calcw()函数结束

# calcval()函数
def calcval(p, N):
    """计算评价值"""
    v = 0
```

```
    for i in range(N):
        v += values[i] * p[i]
    return v
# calcval()函数结束

# rsetp()函数
def rsetp(p, N):
    """利用随机数混装物品"""
    for i in range(N):
        p[i] = int(random.random() * 2)
# rsetp()函数结束

# 主执行部分
p = [0 for i in range(N)]  # 问题的答案
# 输入限定重量
weightlimit = int(input("请输入限定重量:"))
# 输入试行次数
nlimit = int(input("请输入试行次数:"))
# 随机数的初始化
random.seed(SEED)
# 解决问题
# 重复实验
for i in range(R):
    solvekp(p, weightlimit, nlimit, N)
# rkp30.py结束
```

A.4 辛普森公式

在第5章中介绍的梯形公式把函数 $f(x)$通过直线近似计算的数值积分。与之相对，辛普森公式作为把函数 $f(x)$通过二次曲线近似求取数值积分的公式，广为人知。

辛普森公式如下所示。在辛普森公式中，结合运用二次曲线近似函数的情况，将积分区间划分为偶数等份。

$$\int_{x_0}^{x_n} f(x)dx$$
$$=(\frac{f(x_0)}{3}+\frac{4}{3}f(x_1)+\frac{2}{3}f(x_2)+\frac{4}{3}f(x_3)+\frac{2}{3}f(x_4)+\cdots+\frac{2}{3}f(x_{n-2})+\frac{4}{3}f(x_{n-1})+\frac{f(x_n)}{3})\times h$$

其中，n为偶数。

章末问题略解

第1章

（1）要想进行数值计算与模拟，必须在理解对象体系属性的基础上，选择适当的计算方法来创建程序。为此，在理解对象体系属性的同时，必须还要理解数值计算和模拟的原理以及程序算法。倘若尚未充分理解这些内容，即使利用模块创建出程序，也不会得到满意的结果。

（2）$b > 0$时，如下所示，通过分子有理化进行计算。

$$
\begin{aligned}
x_1 &= \frac{-b-\sqrt{b^2-4ac}}{2a} \\
x_2 &= \frac{-b+\sqrt{b^2-4ac}}{2a} \times \frac{b+\sqrt{b^2-4ac}}{b+\sqrt{b^2-4ac}} \\
&= -\frac{2c}{b+\sqrt{b^2-4ac}}
\end{aligned}
$$

第2章

（1）基于附录A.1，注意从k_1到k_4依次计算数值，制作程序。

（2）程序的构造基本上与正文介绍的freefall.py程序或lander.py程序一样。

（3）模拟结果自身与正文介绍的efield.py程序几乎一样。

（4）只要运动的质点没有无限接近电荷，模拟就不会出现问题。但是，当两者的带电符号一样时，一旦两者非常接近，模拟就会出现问题。这是因为在上述情况下，质点和电荷之间会产生极大的斥力，模拟的1个step就会出现非常大距离的移动，出现这种现实中不可能发生的状况。这是由模拟中时间的离散化而导致的结果。

第3章

（1）以第2章章末问题的“超级冰壶”游戏为背景，运用游戏内分布的固定电荷，计算电场的大小。

（2）例如，通过利用multiprocessing模块进行并列处理。

（3）运用扩散方程式，可以计算物质随时间扩散的状态。如，可以模拟在水中滴入一滴墨水时的时间变化（扩散的状态）。

第4章

（1）必须在程序中扩展描述时间推移的规则表rule[]等。

（2）对于一维元胞自动机的模拟程序ca1.py来说，要想适用于周期边界条件，必须改变计算状态迁移的nextt()函数。另外，对于二维元胞自动机模拟的生命游戏的程序life.py，若使用周期边界条件时，例如，滑翔机模型在不断反复的移动中，当到达下端时，滑翔机可以继续保持模型不变，从上端出现。

（3）下面介绍一些在生命游戏里生物的分布模式中，非常有趣的模拟的例子。下面的“橡子”已经持续繁衍超过了5200代。在参考文献[5]中也介绍说可以永久扩张下去等，请参考阅读。

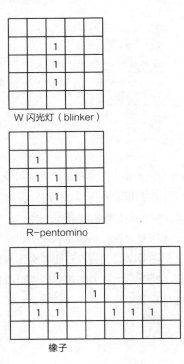

		1		
		1		
		1		

W 闪光灯（blinker）

	1			
	1	1	1	
		1		

R-pentomino

		1						
				1				
	1	1			1	1	1	

橡子

（4）通过这些扩展可以进行更接近于现实交通流的模拟。

第5章

（1）基于卡方检验的随机数检定当中，将产生随机数的区间细分化，通过观察细分化的各区间中随机数是否均等出现，来研究随机数的均匀性。另外，还可以使用相关系数来研究随机数的相关性。

（2）辛普森公式是将被积函数通过二次函数近似计算数值积分的公式。

（3）为了极力解决背包问题，可以通过反复法，函数的回归利用等，罗列出物品组合。后者可以通过下列方法组成solvekp（函数）。在这里，参数p指用于存储答案的列表，i指现在所看到的物品号。

```
def solvekp(p, i, 重量的合计值, 价值的合计值)
    i与物品个数一致，价值的合计值得到记录的最大值时，输出值
    否则，执行以下命令
        p[i]=0时，引出函数solvekp(p, i + 1, 重重量的合计值, 价值的合计值)
        p[i]=1时，更新重量和价值的合计值，引出函数solvekp(p, i + 1, 重量的合计
        值, 价值的合计值)
```

要想使用solvekp()函数求解背包问题，需在主执行部分引出下列solvekp()函数。其中，N表示物品的个数。

```
p = [0 for i in range(N)]  # 问题的答案
solvekp(p, 0, 0, 0)
```

在solvekp()函数的处理过程中，搜索p[i]=1以下的枝时，事先会计算重量的合计值有无超出限制，若超出则会停止引出函数，以此来加快搜索速度。这是基于分枝界限法的剪枝。导入剪枝时solvekp()函数作以下标记。

```
def solvekp(p, i, 重量的合计值, 价值的合计值)
    i与物品个数一致，价值的合计值得到记录的最大值时，输出值
    否则，执行以下命令
        p[i]=0时，引出函数solvekp(p, i+1, 重量的合计值, 价值的合计值)
        若加上第i号的物品后，重量合计值依然不超过限制，则p[i]=1，更新重量和价值
        的合计值，引出函数solvekp(p, i+1, 重量的合计值, 价值的合计值)
```

第6章

（1）除了追加主体的内部状态（属性）以外，还可以尝试追加主体的动作等。

（2）例如，模拟在电车中移动的主体，通过检查电车的数量调查是否会对感染的扩散产生影响等。

参考文献

本书相关的参考文献如下所示。

[1]是一本Python3的入门书，可以参考它来理解本书所涉及到的程序。[2]是力学教科书的经典名著，不仅作为教科书严密、精确，作为故事性读物也很出色，另外，作为运动模拟的参考文献也很有帮助。[3]是一本数值计算的教科书，内容广泛且实用。[4]在运用电脑的数值计算方面有着深层次的讨论，并且在本书第5章涉及的随机数方面也有很详细的记述。[5]是与本书第4章中采用的生命游戏的例题有关的文献。[6]是先发行的本书的C语言版书籍。

[1] Bill Lubanovic（著），齐藤康毅（主编），长尾高弘（译）. Python 3入门. O'Reilly Japan, 2015.

[2] 费因曼，Layton, Sands. 费因曼物理学（1）力学. 岩波书店, 1967.

[3] William H. Press等. 基于C的数值算法. 技术评论社, 1993.

[4] Donald E.Knuth（著），有泽诚，和田英一（校译）. The Art of Computer Programming (2)日语版. ASCII, 2004.

[5] William Poundstone（著），有泽诚（译）. 生命游戏的宇宙（新装版）. 日本评论社, 2003.

[6] 小高知宏. 基于C语言的数值计算与模拟. Ohmsha社, 2009.